教科書ワーク もくじ

全教科書対応
数と計算 3年

JN131547

① かけ算のきまり（1）

きほんのワーク

答え 1ページ

☆ □にあてはまる数をもとめましょう。

① 2×6＝2×5＋□　　② 2×4＝2×5－□

とき方 下の●の数を考えます。

```
        2×6
①  ●●●●●●
   ●●●●●●
     2×5  └2大きい
     2×4  ┌2小さい
②  ●●●●●◌
   ●●●●◌
     2×5
```

答え

① □

② □

たいせつ 🔒

かけ算では，かける数が1ふえると，
答えはかけられる数だけ大きくなります。
また，かける数が1へると，
答えはかけられる数だけ小さくなります。

```
2ふえる ┌ 2×4＝ 8 ┐ 2へる
2ふえる ├ 2×5＝10 ┤ 2へる
        └ 2×6＝12 ┘
```

1 □にあてはまる数を書きましょう。

3×5＝□，　3×6＝□，　3×7＝□　より，

3×7＝3×6＋□，

3×5＝3×6－□　とわかります。

九九の表を思いうかべるとわかりやすいのね！

2 □にあてはまる数を書きましょう。

① 4×9＝4×8＋□　　　② 5×5＝5×6－□

③ 3×5＝3×4＋□　　　④ 9×2＝9×3－□

⑤ 7×9＝7×8＋□　　　⑥ 6×2＝6×3－□

⑦ 8×4＝8×3＋□　　　⑧ 1×4＝1×5－□

3 □にあてはまる数を書きましょう。

① 3×5＋3＝3×□　　　② 5×8－5＝5×□

③ 7×8＋7＝7×□　　　④ 6×3－6＝6×□

⑤ 2×3＋2＝2×□　　　⑥ 9×5－9＝9×□

⑦ 4×6＋4＝4×□　　　⑧ 8×7－8＝8×□

ポイント かける数が1ふえると，答えはかけられる数だけ大きくなり，
かける数が1へると，答えはかけられる数だけ小さくなります。

② かけ算のきまり (2)

きほんのワーク

答え **1ページ**

☆ □にあてはまる数をもとめましょう。　2×5＝5×□

とき方　下の●の数を考えます。

おきかた
をかえる

たてに 2, 横(よこ)に 5 ある
ので, 2×5＝ □

たてに 5, 横に 2 ある
ので, 5×2＝ □

このことから, 2×5＝5×2 です。

たいせつ
かけ算は,
「かけられる数」と
「かける数」を入れ
かえても, 答えは
同じになります。
●×■＝■×●

答え □

1 □にあてはまる数を書きましょう。

① 5×4＝ □ ×5

② 8×6＝6× □

③ 4×9＝9× □

④ □ ×2＝2×8

⑤ 6× □ ＝5×6

⑥ 9× □ ＝8×9

2 □にあてはまる数を書きましょう。
3×2×4 の計算を考えます。

(3×2)×4＝ □ ×4＝ □ ,　3×(2×4)＝3× □ ＝ □

だから, (3×2)×4＝3×(2×4)＝ □ とわかります。

3 □にあてはまる数を書きましょう。

① (4×2)×3＝4×(2× □)

② (2×2)×4＝2×(□ ×4)

③ (2×3)× □ ＝2×(3×3)

④ (4×2)× □ ＝4×(2×2)

かけ算だけの式(しき)では,
計算のじゅんじょをか
えても, 答えが同じに
なるんだね!

ポイント　かけ算では,「かけられる数」と「かける数」を入れかえても, 答えは同じになります。

③ かけ算のきまり (3)
きほんのワーク

答え **1ページ**

⭐ □にあてはまる数をもとめましょう。　　2×(5＋3)＝2×5＋2×□

とき方　下の●の数を考えます。

《1》くっつけておいた　　　《2》はなしておいた

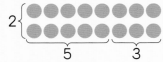　　　　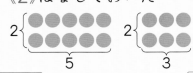

かけ算では, かける数を分けて計算しても, 答えは同じになるよ。

●の数は, 2×(5＋3)＝□, 2×5＋2×3＝□ で,
どちらの式も同じ答えになります。　　**答え** □

---

① □にあてはまる数を書きましょう。

① 3×8＝3×(1＋□)＝3×1＋3×□

② 2×9＝2×(□＋3)＝2×□＋2×3

③ 9×2＋9×5＝9×(2＋□)

④ 4×6＋4×2＝4×(□＋2)

② 右の図から, 2×(8−3)＝2×8−2×3 となることが
わかります。□にあてはまる数を書きましょう。

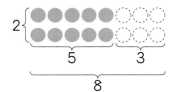

① 4×(5−2)＝4×5−4×□

② 2×7−2×4＝2×(7−□)

③ □にあてはまる数を書きましょう。

6×□＝18 の□にあてはまる数は, □にじゅんに数をあてはめて見つけます。

6×1＝□, 6×2＝□, 6×3＝□ より, □にあてはまる数は □

④ □にあてはまる数を書きましょう。

① 7×□＝21　　　　　　　　② 4×□＝32

③ □×3＝15　　　　　　　　④ □×6＝54

4　**ポイント**　かけ算では, かける数を分けて計算しても, 答えは同じになります。

④ 0のかけ算
きほんのワーク

答え 1ページ

☆計算をしましょう。　❶ 3×0　❷ 0×5

とき方　0とは，「何もない」という意味です。

❶ 「3が1つもない」と考えます。

❷ 「何もないものを5つ集める」と考えて，

$$0×5=\boxed{}+\boxed{}+\boxed{}+\boxed{}+\boxed{}$$

たいせつ

どんな数に0をかけても，答えは0になります。
また，0にどんな数をかけても，答えは0になります。

答え ❶ $\boxed{}$　❷ $\boxed{}$

---

1 □にあてはまる数を書きましょう。

❶ $0×7=\boxed{}$　　　　❷ $8×0=\boxed{}$

❸ $9×\boxed{}=0$　　　　❹ $\boxed{}×4=0$

2 計算をしましょう。

❶ 5×0　　　❷ 0×6　　　❸ 0×2

❹ 4×0　　　❺ 1×0　　　❻ 0×0

3 計算をしましょう。

❶ 4×2×0

❷ 9×2×0

❸ 0×2×3

❹ 0×4×5

3つの数のかけ算になっても，同じように考えられるよ！

4 0～9の数のうち，次の□にあてはまる数をすべて書きましょう。

□×0＝0

（　　　　　　　　　　　）

 ポイント　「かける数」か「かけられる数」が0のかけ算の答えは0です。0×0も0になります。

5

⑤ 10のかけ算
きほんのワーク

答え 1ページ

☆計算をしましょう。 ❶ 10×3 ❷ 3×10

とき方 ❶ 10の3こ分と考えると，

10×3＝□＋□＋□

❷《1》●×■＝■×●をりようすると，

3×10＝10×□

かけ算のきまり
●×■＝■×●

《2》3×10は，3×9より3大きくなるから，

3×10＝3×□＋3

答え ❶ □ ❷ □

1 □にあてはまる数を書きましょう。

❶ 10×2＝□ ❷ 2×10＝□

❸ 10×5＝□ ❹ 7×10＝□

❺ □×9＝90 ❻ □×10＝60

2 □にあてはまる数を書きましょう。

❶ 4×10＝4×9＋□

❷ 8×□＝8×9＋8

❸ 5×10＝5×□＋5

❹ □×10＝9×9＋9

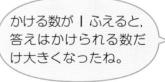
かける数が1ふえると，答えはかけられる数だけ大きくなったね。

3 □にあてはまる数を書きましょう。

❶ 10×7 〈 4×7＝□ / □×7＝□ あわせて □

❷ 6×10 〈 6×2＝□ / 6×□＝□ あわせて □

 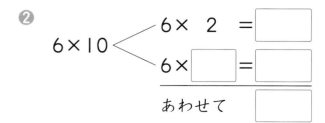
10のかけ算は，「●×■＝■×●」というかけ算のきまりや，「かける数が1ふえると，答えはかけられる数だけ大きくなる」というかけ算のきまりを使って考えることができます。

 まとめのテスト

時間 **20** 分

とく点

/100点

答え 2ページ

1 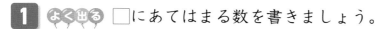 よく出る □にあてはまる数を書きましょう。　　　　1つ5〔40点〕

❶ 7×6=7×5+ □

❷ 3×8=3×9− □

❸ 2×7+2=2× □

❹ 8×5−8=8× □

❺ 9×5=5× □

❻ 4×3= □ ×4

❼ (2×4)×2=2×(□ ×2)

❽ (3×2)× □ =3×(2×4)

2 □にあてはまる数を書きましょう。　　　　1つ5〔30点〕

❶ 7×(6+3)=7× □ +7×3

❷ 5×2+5×4=5×(2+ □)

❸ 3×(8−6)=3× □ −3×6

❹ 9×7−9×4=9×(7− □)

❺ 8× □ =72

❻ □ ×5=35

3 計算をしましょう。　　　　1つ5〔30点〕

❶ 7×0

❷ 0×8

❸ 1×2×0

❹ 0×2×4

❺ 10×9

❻ 8×10

チェック ☑ □かけ算のきまりが理かいできたかな？
□0，10のかけ算ができたかな？

2 時こくと時間

① 短い時間の表し方
きほんのワーク

答え **2ページ**

やってみよう

☆□にあてはまる数をもとめましょう。

❶ 180秒＝□分　　❷ 1分20秒＝□秒

たいせつ 🔒

「秒」は，1分より短い時間のたんいです。
1分＝60秒

とき方 1分＝60秒をりようします。

❶ 2分，3分，……が何秒かを調べます。

2分＝1分＋1分＝ □ 秒＋ □ 秒＝ □ 秒

3分＝2分＋1分＝120秒＋ □ 秒＝ □ 秒

❷ 1分20秒＝1分＋20秒＝ □ 秒＋20秒＝ □ 秒

答え ❶ □　　❷ □

---

1 □にあてはまる数を書きましょう。

❶ 1分40秒＝60秒＋40秒＝ □ 秒

❷ 4分＝60秒＋60秒＋60秒＋60秒＝ □ 秒

❸ 150秒＝60秒＋60秒＋30秒＝ □ 分 □ 秒

1分を60秒になおして考えよう。

---

2 □にあてはまる数を書きましょう。

❶ 1時間25分＝ □ 分

1時間＝60分だったね！

❷ 300分＝ □ 時間

❸ 1分5秒＝ □ 秒　　　❹ 6分40秒＝ □ 秒

❺ 2分48秒＝ □ 秒　　　❻ 120秒＝ □ 分

❼ 135秒＝ □ 分 □ 秒　　❽ 189秒＝ □ 分 □ 秒

8

ポイント　「秒」を使うと，1分より短い時間も表すことができます。「1分＝60秒」です。

② 時間の計算
きほんのワーク

答え 2ページ

☆ 次の時こくを答えましょう。
　❶ 1時30分から55分後　❷ 3時20分より45分前

とき方 下のような図を使って考えます。

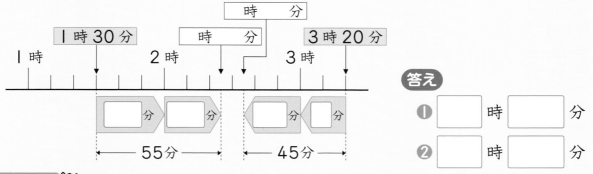

答え
❶ □時 □分
❷ □時 □分

さんこう
1時間は60分だから，次のような式を書いて考えることもできます。
❶ 1時30分＋55分＝1時85分＝2時25分
❷ 3時20分－45分＝2時80分－45分＝2時35分

1 □にあてはまる数を書きましょう。ひつようなら，図を使いましょう。

❶ 5時10分＋55分＝ □時 □分

❷ 6時10分－25分
　＝ □時 □分

　　　　　　　5時　　　　　　　　　　6時

2 次の時こくや時間をもとめましょう。

❶ 1時20分から40分後の時こく　　　　（　　　　　）

❷ 7時15分より25分前の時こく　　　　（　　　　　）

❸ 4時35分より50分前の時こく　　　　（　　　　　）

❹ 午後2時40分から午後3時10分までの時間　（　　　　　）

❺ 午前10時20分から午前11時15分までの時間　（　　　　　）

ポイント ○分後はたし算，○分前はひき算で計算できます。「1時間＝60分」です。

まとめのテスト ①

時間 **20** 分

答え 2ページ

とく点 /100点

---

1 よく出る □にあてはまる数を書きましょう。　　　　　　　　1つ5〔40点〕

❶ 240 秒 = □ 分

❷ 3 分 = □ 秒

❸ 110 秒 = □ 分 □ 秒

❹ 85 秒 = □ 分 □ 秒

❺ 190 秒 = □ 分 □ 秒

❻ 1 分 45 秒 = □ 秒

❼ 2 分 25 秒 = □ 秒

❽ 5 分 10 秒 = □ 秒

---

2 計算をしましょう。　　　　　　　　1つ5〔30点〕

❶ 2 時間 30 分 + 1 時間 50 分

❷ 3 時間 10 分 − 2 時間 40 分

❸ 35 秒 + 45 秒

❹ 40 秒 − 25 秒

❺ 4 分 55 秒 + 1 分 15 秒

❻ 1 分 10 秒 − 20 秒

---

3 よく出る 次の時こくや時間をもとめましょう。　　　　　　　　1つ5〔30点〕

❶ 午前 6 時 40 分から 2 時間後の時こく　　　　　　　（　　　　　　　　　）

❷ 午後 1 時の 3 時間 20 分前の時こく　　　　　　　（　　　　　　　　　）

❸ 午後 9 時より 2 時間 5 分前の時こく　　　　　　　（　　　　　　　　　）

❹ 午前 7 時 45 分から午前 8 時 10 分までの時間　　　（　　　　　　　　　）

❺ 午後 5 時 15 分から午後 8 時 35 分までの時間　　　（　　　　　　　　　）

❻ 午前 9 時 30 分から午後 4 時までの時間　　　　　　（　　　　　　　　　）

チェック

□ 「1 分 = 60 秒」を理かいできたかな？
□ ○分後，○分前を計算することができたかな？

まとめのテスト②

 時間 **20** 分

 とく点 /100点

答え 2ページ

1 ⑦〜⑰の式について，正しい式の記号をすべて答えましょう。　〔12点〕

⑦　１分＝１時間　　　　⑦　１時間＝6分　　　　⑰　60秒＝１分

⑨　6時間＝１分　　　　⑨　１時間＝60分　　　　⑰　60分＝60秒

(　　　　　　　　　)

2 よく出る □にあてはまる数を書きましょう。　1つ4〔40点〕

❶　60秒＝□分

❷　2分＝□秒

❸　１分25秒＝□秒

❹　147秒＝□分□秒

❺　63秒＝□分□秒

❻　3分30秒＝□秒

❼　195分＝□時間□分

❽　１時間11分＝□分

❾　315分＝□時間□分

❿　4時間58分＝□分

3 計算をしましょう。　1つ6〔48点〕

❶　85分＋2時間

❷　3時間30分＋2時間40分

❸　１分25秒＋75秒

❹　5分20秒＋40秒

❺　１時間30分−45分

❻　7時間40分−6時間55分

❼　１分45秒−50秒

❽　１分35秒−１分10秒

チェック☑　□「分」を「秒」になおすことができたかな？
　　　　　　□時間のたし算やひき算ができたかな？

11

① 3けたの数の計算
きほんのワーク

答え 3ページ

やってみよう

⭐ 347＋298 の計算をしましょう。

とき方 筆算で計算します。

```
  3 4 7        3 4 7       □ 1        1 1
+ 2 9 8      + 2 9 8     3 4 7      3 4 7
              □        + 2 9 8    + 2 9 8
                         □ 5        □ 4 5
```

位をたてに
そろえて書く。

7＋8＝15 より，
一の位に 5 を書き，
十の位に
1 くり上げる。

1＋4＋9＝14 より，
十の位に 4 を書き，
百の位に
1 くり上げる。

1＋3＋2＝6 より，
百の位に 6 を書く。

たいせつ
位をたてにそろえて書いて，筆算で計算します。
「一の位→十の位→百の位」とじゅんに計算します。

答え ☐

① 計算をしましょう。

❶
```
  2 7 1
+ 1 1 2
```

❷
```
  2 2 6
+   3 4
```

❸
```
  1 8 3
+   4 9
```

くり上がりがある
ときは，くり上げ
た「1」を書いてお
くといいんだ！

② 計算をしましょう。

❶
```
  2 0 1
+   3 3
```

❷
```
  1 4 3
+ 2 0 6
```

❸
```
  8 0 5
+     9
```

❹
```
  3 7 5
+ 1 1 8
```

❺
```
  3 5 7
+   4 6
```

❻
```
  1 7 5
+   3 8
```

❼
```
  2 0 8
+ 1 9 3
```

❽
```
  3 4 7
+ 1 6 5
```

ポイント 筆算をするときは，位をたてにそろえて書きます。

② 千の位にくり上がりのあるたし算

きほんのワーク

答え 3ページ

やってみよう

☆ 960＋83 の計算をしましょう。

とき方 筆算で計算します。

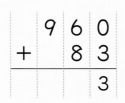 → 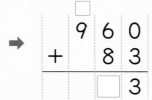 →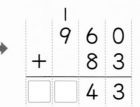

0＋3＝3 より，
一の位に 3 を書く。

6＋8＝14 より，
十の位に 4 を書き，
百の位に
1 くり上げる。

1＋9＝10 より，
百の位に 0，
千の位に 1 を書く。

たいせつ 🔒

数が大きくなっても，筆算のしかたは同じです。位をたてにそろえて書いて，くり上がりに気をつけて計算します。

答え ☐

① 計算をしましょう。

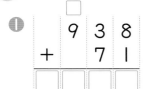

❶
```
   9 3 8
＋    7 1
─────────
☐ ☐ ☐ ☐
```

❷

```
   3 9 0
＋ 6 2 0
─────────
☐ ☐ ☐ ☐
```

❸
```
   6 2 1
＋ 7 3 2
```

千の位にくり上がりのあるたし算も，今までどおり，ていねいに計算していけばいいのね！

② 計算をしましょう。

❶
```
   9 6 5
＋    8 2
```

❷
```
     7 3
＋ 9 8 1
```

❸
```
   5 9 2
＋ 4 6 7
```

❹
```
   2 6 1
＋ 7 8 2
```

❺
```
   8 2 3
＋ 4 4 7
```

❻
```
   4 0 8
＋ 6 7 5
```

❼
```
   8 0 1
＋ 3 0 9
```

❽
```
   6 8 0
＋ 6 7 5
```

ポイント まちがいをふせぐために，くり上がりがあるときは，くり上げた 1 を書いておきます。

③ くり上がりが3回あるたし算

きほんのワーク

答え 3ページ

⭐687＋856 の計算をしましょう。

とき方 筆算で計算します。

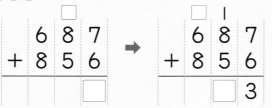

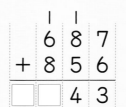

```
  □
  6 8 7
+ 8 5 6
───────
      □
```
7＋6＝13より，
一の位に 3 を書き，
十の位に
1 くり上げる。

```
  □ 1
  6 8 7
+ 8 5 6
───────
    □ 3
```
1＋8＋5＝14より，
十の位に 4 を書き，
百の位に
1 くり上げる。

```
  1 1
  6 8 7
+ 8 5 6
───────
□ □ 4 3
```
1＋6＋8＝15より，
百の位に 5，
千の位に 1 を書く。

たいせつ 🔒
1けたずつていねい
に計算します。くり
上げた「1」を，くり
上げたけたの近く
に書いておくと，ま
ちがいがへります。

答え ▢

① 計算をしましょう。

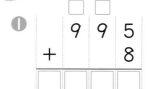

①
```
  □ □
    9 9 5
  +     8
─────────
  □ □ □ □
```

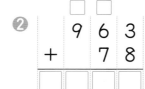

②
```
    □ □
    9 6 3
  +   7 8
─────────
  □ □ □ □
```

③
```
    2 8 9
  + 8 3 2
─────────
```

くり上がりが何回
あっても同じしか
たで筆算できるね。

② 計算をしましょう。

①
```
      9
+ 9 9 6
───────
```

②
```
  9 1 6
+   9 8
───────
```

③
```
  9 8 9
+   7 9
───────
```

④
```
  6 3 8
+ 8 6 8
───────
```

⑤
```
  7 9 3
+ 4 6 7
───────
```

⑥
```
  5 9 6
+ 6 3 7
───────
```

⑦
```
  8 6 7
+ 7 8 4
───────
```

⑧
```
  6 3 1
+ 6 7 9
───────
```

ポイント くり上がりに気をつけて，ていねいに計算します。

④ （4けた）＋（4けた）の計算
きほんのワーク

答え 3ページ

やってみよう

⭐ 3528＋4165 の計算をしましょう。

とき方 筆算で計算します。

```
  3 5 2 8        1                1
+ 4 1 6 5     3 5 2 8          3 5 2 8
─────────   + 4 1 6 5        + 4 1 6 5
      □     ─────────        ─────────
                □ 3              □ □ 9 3
```

8＋5＝13 より，
一の位に 3 を書き，
十の位に
1 くり上げる。

1＋2＋6＝9 より，
十の位に 9 を書く。

5＋1＝6 より，
百の位に 6 を書き，
3＋4＝7 より，
千の位に 7 を書く。

たいせつ 🔒

筆算は，同じ位どうしをきちんとたてにそろえて書きます。

答え □

---

1 計算をしましょう。

❶
```
    □
  2 5 7 6
+ 6 2 1 8
─────────
  □ □ □ □
```

❷
```
    □
  5 8 1 2
+ 3 1 3 9
─────────
  □ □ □ □
```

❸
```
  4 8 2 7 5
+ 3 4 7 5
```

けた数がふえても計算のしかたは同じだね！

---

2 計算をしましょう。

❶
```
  3 2 7 5
+ 4 1 4 3
```

❷
```
  5 6 2 8
+ 1 3 6 2
```

❸
```
  6 8 3 4
+ 2 5 1 4
```

❹
```
  4 0 3 9
+ 5 8 6 7
```

❺
```
  7 3 5 6
+ 1 9 2 5
```

❻
```
  5 2 9 3
+ 2 8 6 5
```

❼
```
  1 8 6 7
+ 4 9 5 4
```

❽
```
  4 8 9 7
+ 4 3 2 6
```

ポイント くり上がりに気をつけて，「一の位→十の位→百の位→千の位」とていねいに計算します。

まとめのテスト❶

答え 3ページ

とく点 /100点

1 よく出る 計算をしましょう。 1つ5〔80点〕

❶
```
  3 2 1
+     5
```

❷
```
  7 1 2
+   2 5
```

❸
```
  4 2 2
+ 1 3 2
```

❹
```
  5 5 3
+   2 8
```

❺
```
      6
+ 2 3 6
```

❻
```
  5 9 6
+     7
```

❼
```
  1 8 3
+   1 7
```

❽
```
      7 5
+ 4 6 9
```

❾
```
  7 7 7
+ 1 2 3
```

❿
```
  4 8 3
+ 2 6 7
```

⓫
```
      8
+ 2 9 6
```

⓬
```
    7 6
+ 2 8 8
```

⓭
```
    9 8
+ 3 7 6
```

⓮
```
  6 6 2
+   5 9
```

⓯
```
  5 7 8
+   7 8
```

⓰
```
  5 9 6
+ 2 6 5
```

2 計算をしましょう。 1つ5〔20点〕

❶ 4+999

❷ 962+95

❸ 445+897

❹ 381+659

チェック
□（3けた）＋（3けた）の計算ができたかな？
□千の位にくり上がりのあるたし算ができたかな？

まとめのテスト❷

答え 3ページ

時間 20分

とく点　/100点

1 よく出る　計算をしましょう。　　　　　　　　　　　1つ5〔60点〕

❶ 500+308　　　❷ 92+405　　　❸ 37+250

❹ 885+73　　　❺ 432+176　　　❻ 647+258

❼ 719+182　　　❽ 759+186　　　❾ 476+184

❿ 374+28　　　⓫ 206+95　　　⓬ 627+173

2 計算をしましょう。　　　　　　　　　　　　　　　1つ5〔40点〕

❶ 982+18　　　　　　　　❷ 963+285

❸ 888+532　　　　　　　❹ 2368+5336

❺ 1364+5629　　　　　　❻ 1925+7355

❼ 6473+2598　　　　　　❽ 4095+3907

チェック☑　□ 大きい数のたし算の筆算をすることができたかな？
□ （4けた）＋（4けた）の計算ができたなか？

① 3けたの数の計算
きほんのワーク

答え 4ページ

やってみよう

☆ 653－275 の計算をしましょう。

とき方 筆算（ひっさん）で計算します。

```
    6 5 3
  - 2 7 5
```
位（くらい）をたてに
そろえて書く。

→

```
    6 5 3
  - 2 7 5
        □
```
3－5 はできないので，
十の位から
1くり下げて，
十の位が 4 となり，
13－5＝8 より，
一の位に 8 を書く。

→

```
    □ 4
    6 5 3
  - 2 7 5
      □ 8
```
4－7 はできないので，
百の位から
1くり下げて，
百の位が 5 となり，
14－7＝7 より，
十の位に 7 を書く。

→

```
    5 4
    6 5 3
  - 2 7 5
      □ 7 8
```
5－2＝3 より，
百の位に
3 を書く。

たいせつ🔒

位をたてにそろえて書いて，
「一の位→十の位→百の位」とじゅんに計算します。

答え

---

1 計算をしましょう。

❶
```
    3 6 8
  - 1 2 5
  □ □ □
```

❷
```
    2 5 3
  -   3 4
  □ □ □
```

❸
```
    3 4 1
  - 1 7 6
```

くり下がりがある
ときは，くり下が
りのようすを書い
ておくといいよ！

---

2 計算をしましょう。

❶
```
    5 3 2
  - 2 7 3
```

❷
```
    7 3 5
  - 1 9 6
```

❸
```
    2 1 6
  - 1 8 9
```

❹
```
    6 3 0
  - 5 6 2
```

❺
```
    2 0 0
  -   3 6
```

❻
```
    7 0 3
  -   8 9
```

❼
```
    9 0 1
  -   7
```

❽
```
    6 0 7
  -   8
```

ポイント 筆算では，位をたてにそろえて書きます。

② くり下がりが3回あるひき算

きほんのワーク

答え 4ページ

⭐ **1326－839 の計算をしましょう。**

とき方 筆算で計算します。

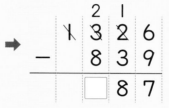

十の位から1くり下
げて，十の位が1と
なり，16－9＝7より，
一の位に7を書く。

百の位から1くり下
げて，百の位が2と
なり，11－3＝8より，
十の位に8を書く。

千の位から1くり下
げて千の位が0と
なり，12－8＝4より，
百の位に4を書く。

たいせつ 🔒

1けたずつて
いねいに計算
します。

答え ☐

① **計算をしましょう。**

❶
```
   ☐ ☐
   1 1 2 5
 －   4 3 9
  ☐ ☐ ☐
```

❷
```
 ☐ ☐ ☐
 2 1 4 1
－  6 5 7
 ☐ ☐ ☐
```

❸
```
 2 4 3 2
－  5 6 8
```

くり下がりのよう
すを書いて，まち
がいをふせごう！

② **計算をしましょう。**

❶
```
  1 3 3 1
－   5 6 7
```

❷
```
  1 8 3 2
－   9 5 8
```

❸
```
  1 2 3 6
－   9 7 8
```

❹
```
  1 2 3 4
－   3 4 5
```

❺
```
  2 1 1 1
－   5 2 3
```

❻
```
  1 7 5 8
－   7 6 9
```

❼
```
  3 4 1 0
－   6 2 1
```

❽
```
  2 1 3 0
－   8 7 6
```

 ポイント くり下がりに気をつけて，ていねいに計算します。

③ 0をふくむ数からのひき算
きほんのワーク

答え 4ページ

答え 4ページ

☆1015−72 の計算をしましょう。

とき方 筆算で計算します。

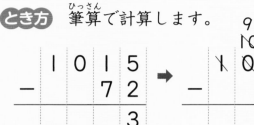

5−2＝3 より，
一の位に 3 を書く。

百の位から 1 くり下げら
れないので，千の位から
1くり下げ，千の位は 0，
百の位は 9 になる。
11−7＝4 より，十の位に 4 を書く。

百の位の数 9 を
そのままおろす。

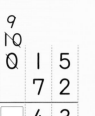

たいせつ

数が大きくなっても，筆算のしかたは同じです。
位をたてにそろえて書き，くり下がりに気をつけて計算します。

答え [　]

1 計算をしましょう。

❶
```
   1 0 2 8
 −     9 3
 ────────
```

❷
```
   1 0 0 3 0
 −       8 0
 ──────────
```

❸
```
   1 0 0 5
 −   1 9 8
 ────────
```

2 計算をしましょう。

❶
```
   1 0 6 9
 −     8 7
```

❷
```
   2 0 5 8
 −   7 6 9
```

❸
```
   1 0 2 4
 −     9 5
```

❹
```
   2 0 1 1
 −   6 0 8
```

❺
```
   1 0 0 2
 −   1 3 8
```

❻
```
   1 7 0 5
 −   8 9 2
```

❼
```
   1 0 3 0
 −     4 6
```

❽
```
   1 0 0 1
 −       2
```

ポイント まちがいをふせぐために，くり下がりがあるときは，くり下がりのようすを書いておきましょう。

④ （4けた）－（4けた）の計算
きほんのワーク

答え 4ページ

やってみよう

⭐ 5647－3284 の計算をしましょう。

とき方　筆算で計算します。

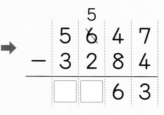

7－4＝3 より，
一の位に 3 を書く。

百の位から 1 くり下げて，
百の位が 5 となり，
14－8＝6 より，
十の位に 6 を書く。

5－2＝3 より，
百の位に 3 を書く。
5－3＝2 より，
千の位に 2 を書く。

たいせつ 🔒
筆算は，同じ位どうしをきちんとたてにそろえて書きます。けた数がふえても同じようにして，計算します。

答え ◻

---

1 計算をしましょう。

❶
```
  3 2 6 8
－ 1 7 4 3
```

❷
```
  4 3 1 6
－ 1 4 2 5
```

❸
```
  9 2 5 8
－ 8 2 7 9
```

数が大きくなっても計算のしかたは同じだね！

---

2 計算をしましょう。

❶
```
  4 3 6 7
－2 1 8 5
```

❷
```
  2 4 1 6
－1 9 2 4
```

❸
```
  6 5 0 7
－2 4 3 9
```

❹
```
  3 1 4 8
－1 2 5 8
```

❺
```
  8 4 3 6
－3 7 4 5
```

❻
```
  5 3 7 2
－1 4 8 6
```

❼
```
  7 0 5 3
－5 6 8 4
```

❽
```
  6 2 8 4
－5 8 9 7
```

ポイント　くり下がりに気をつけて，「一の位→十の位→百の位→千の位」とていねいに計算します。

4 ひき算の筆算

答え 4ページ

時間 20分

とく点 /100点

1 よく出る 計算をしましょう。　　　1つ5〔80点〕

① 395 − 3
② 547 − 24
③ 639 − 81
④ 726 − 273

⑤ 852 − 56
⑥ 334 − 295
⑦ 403 − 8
⑧ 501 − 66

⑨ 932 − 876
⑩ 602 − 4
⑪ 651 − 82
⑫ 306 − 128

⑬ 1743 − 82
⑭ 1805 − 89
⑮ 1000 − 950
⑯ 2469 − 486

2 計算をしましょう。　　　1つ5〔20点〕

① 763−8
② 438−269
③ 2916−925
④ 4181−285

チェック

□ （3けた）−（3けた）の計算ができたかな？
□ くり下がりのようすを書きながら，筆算ができたかな？

まとめのテスト❷

時間 20分

答え 4ページ

とく点 /100点

1 よく出る 計算をしましょう。

1つ5〔60点〕

① 286－132　② 381－29　③ 232－18

④ 304－5　⑤ 374－297　⑥ 500－372

⑦ 731－633　⑧ 1128－99　⑨ 1327－73

⑩ 1026－761　⑪ 3672－585　⑫ 2013－920

2 計算をしましょう。

1つ5〔40点〕

① 5215－3124　② 9210－1215

③ 2011－1333　④ 7004－6928

⑤ 5163－4974　⑥ 4262－2187

⑦ 6400－2438　⑧ 4157－1299

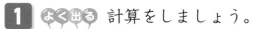

チェック ☑ □ 大きい数のひき算の筆算をすることができたかな？
□ （4けた）－（4けた）の計算ができたかな？

23

① 2～6のだんの九九を使うわり算
きほんのワーク

答え 4ページ

やってみよう

⭐ 12÷2 の計算をしましょう。

とき方　12÷2 の答えは，2×□＝12 の□
にあてはまる数です。答えは，2 のだんの
九九を使って，もとめることができます。

2×1＝ □　　　2×2＝ □

2×3＝ □　　　2×4＝ □　　　**答え** □

2×5＝ □　　　2×6＝ □

たいせつ 🔒

12÷2＝6 は，「じゅうに わる
に は ろく」と読みます。
12÷2　のような計算を「わり算」
といいます。
答えは，九九を使ってもとめます。
〈÷（わる）の記号の書き方〉

― → ∸ → ÷

①横線　　②上に点　　③下に点
を書く。　を書く。　を書く。

1 □にあてはまる数を書きましょう。

① 28÷4 の答えは，

4×□＝28 より，4 のだんの九九を考えて，

28÷4＝ □

② 40÷5 の答えは，

5×□＝40 より，5 のだんの九九を考えて，40÷5＝ □

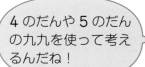

4 のだんや 5 のだん
の九九を使って考え
るんだね！

2 計算をしましょう。

① 24÷4　　　② 27÷3　　　③ 15÷5

④ 18÷3　　　⑤ 14÷2　　　⑥ 45÷5

⑦ 12÷6　　　⑧ 32÷4　　　⑨ 18÷6

⑩ 18÷2　　　⑪ 10÷5　　　⑫ 42÷6

⑬ 6÷2　　　⑭ 15÷3　　　⑮ 54÷6

ポイント　わり算の答えは，九九を使ってもとめることができます。

② 7〜9のだんの九九を使うわり算
きほんのワーク

答え 4ページ

やってみよう

⭐48÷8の計算をしましょう。

とき方　48÷8の答えは，8×□＝48の□にあてはまる数です。答えは，8のだんの九九を使って，もとめることができます。

8×1＝ □　　　8×2＝ □

8×3＝ □　　　8×4＝ □

8×5＝ □　　　8×6＝ □　　　答え □

たいせつ🔒

わり算のきほんは，かけ算の九九です。九九を，しっかりおさらいしておきましょう。

□÷○のとき，
　□をわられる数，
　○をわる数
といいます。

1 □にあてはまる数を書きましょう。

① 42÷7の答えは，

7×□＝42より，7のだんの九九を考えて，

42÷7＝ □

7のだんや9のだんの九九を使って考えればいいのね！

② 27÷9の答えは，

9×□＝27より，9のだんの九九を考えて，27÷9＝ □

2 計算をしましょう。

① 45÷9　　　　② 7÷7　　　　③ 72÷8

④ 14÷7　　　　⑤ 54÷9　　　　⑥ 49÷7

⑦ 40÷8　　　　⑧ 56÷7　　　　⑨ 36÷9

⑩ 8÷8　　　　⑪ 81÷9　　　　⑫ 16÷8

⑬ 63÷7　　　　⑭ 9÷9　　　　⑮ 24÷8

ポイント　九九がきちんといえるように練習しておきましょう。

③ 0や1のわり算
きほんのワーク

答え 5ページ

やってみよう

> ☆ 0÷2 の計算をしましょう。

とき方　0÷2 の答えは，2×□＝0 の□にあてはまる数です。□にあてはまる数は，□□□ です。　**答え**□□□

たいせつ 🔒
0を，0でないどんな数でわっても，答えは0になります。

さんこう 🐱

0には，「何もない」という意味（い み）があります。また，÷には，「分ける」という意味があります。このことから，0÷2 は，「何もないものを，2つに分ける」と考えることができます。何もないわけだから，どのように分けても，答えは0になります。

1 □にあてはまる数を書きましょう。

7÷1 の答えは，1×□＝7 の□にあてはまる数です。□にあてはまる数は，□□□ です。

> わる数が1のときは，答えはわられる数と同じになるね。

2 □にあてはまる数を書きましょう。

① 0÷3 の計算は，3×□＝0 を考えて，0÷3＝□□□

② 0÷9 の計算は，9×□＝0 を考えて，0÷9＝□□□

③ 6÷1 の計算は，1×□＝6 を考えて，6÷1＝□□□

④ 3÷1 の計算は，1×□＝3 を考えて，3÷1＝□□□

3 計算をしましょう。

① 0÷5

② 0÷6

③ 0÷4

④ 2÷1

⑤ 8÷1

⑥ 1÷1

> 0は，「何もない」という意味があるのね。

ポイント　わられる数が0のときも，わり算ができます。
0を0でないどんな数でわっても，答えは0になります。

④ 何十のわり算
きほんのワーク

答え 5ページ

☆80÷4 の計算をしましょう。

とき方 80 は，「10 が □ こ」と考えることがで

きます。80÷4 の計算は，8÷4＝□ より，

10 が □ こになります。　**答え** □

> **何十のわり算**
> 60 は「10 が 6 こ」，
> 70 は「10 が 7 こ」，
> 80 は「10 が 8 こ」
> のように，
> 数を 10 をもとにし
> て考えます。

1 □にあてはまる数を書きましょう。

10 をもとにすると，

90 は「10 が □ こ」と考えることができるので，

90÷3 の計算は，9÷3＝□ より，10 が □ こになるから，

90÷3＝□ とわかります。

> 10 をもとにして
> 考えよう。

2 計算をしましょう。

① 80÷2

② 70÷7

③ 40÷2

④ 50÷5

⑤ 60÷3

⑥ 90÷9

⑦ 20÷2

⑧ 30÷3

⑨ 60÷2

⑩ 80÷8

⑪ 40÷4

⑫ 60÷6

ポイント 何十のわり算では，10 をもとにして考えます。そうすれば，わり算の答えは九九を使って，もとめることができます。

⑤ 答えが2けたになるわり算

きほんのワーク

答え 5ページ

やってみよう

★69÷3の計算をしましょう。

とき方　答えが九九にないわり算はわられる数を分けて考えます。

69 は〈 60 / [　] に分けて考えられるから，

69÷3 は〈 60÷3＝[　] / 9÷3＝[　]　より，[　]＋[　]＝[　] となります。

たいせつ🔒

わられる数を，位ごとに分けて計算します。

答え [　]

1 □にあてはまる数を書きましょう。

86÷2 の計算は，

86 は〈 80 / [　] に分けて考えられるから，

86÷2 は〈 80÷2＝[　] / 6÷2＝[　]　より，86÷2＝[　] とわかります。

2 計算をしましょう。

① 96÷3

② 44÷4

③ 84÷4

④ 39÷3

⑤ 26÷2

⑥ 88÷4

⑦ 82÷2

⑧ 99÷9

位ごとに分けて考えればいいのね。

ポイント　位ごとに分けて計算します。そうすれば，わり算の答えは九九を使って，もとめることができます。

まとめのテスト

時間 **20** 分

とく点
/100点

答え 5ページ

1 よく出る 計算をしましょう。　　　　　　　　　　　　　　　　　1つ3〔60点〕

① 8÷4　　　　　　② 25÷5　　　　　　③ 36÷4

④ 48÷6　　　　　　⑤ 10÷2　　　　　　⑥ 12÷3

⑦ 20÷4　　　　　　⑧ 24÷6　　　　　　⑨ 16÷2

⑩ 0÷8　　　　　　⑪ 0÷1　　　　　　⑫ 0÷7

⑬ 9÷1　　　　　　⑭ 21÷7　　　　　　⑮ 36÷6

⑯ 63÷9　　　　　　⑰ 28÷7　　　　　　⑱ 5÷1

⑲ 72÷9　　　　　　⑳ 32÷8

2 計算をしましょう。　　　　　　　　　　　　　　　　　　　　　1つ5〔40点〕

① 60÷6　　　　　　　　　　② 42÷2

③ 84÷2　　　　　　　　　　④ 48÷4

⑤ 93÷3　　　　　　　　　　⑥ 66÷3

⑦ 28÷2　　　　　　　　　　⑧ 99÷3

チェック ✓ □ 九九を使って、わり算の答えをもとめることができたかな？
　　　　　□ 答えが2けたになるわり算の答えのもとめ方が理かいできたかな？

29

① あまりのあるわり算
きほんのワーク

答え 5ページ

やってみよう

⭐ 14÷3 の計算をしましょう。

とき方 14÷3 の答えは，□ のだんの九九を使って，見つけることができます。3 のだんの九九を，じゅんに ● をかいて考えていくと，次のようになります。

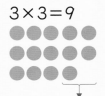
$$3×3=9$$

5あまる。まだ，わり算ができる。

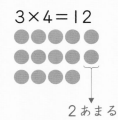
$$3×4=12$$

2あまる

$$3×5=15$$

1たりない

答え □

たいせつ 🔒
「13÷2=6 あまり 1」のように，わり算をしてあまりがあるときは，「わりきれない」といいます。
「12÷2=6」のように，わり算をしてあまりがないときは，「わりきれる」といいます。
わり算では，あまりはわる数より小さくなります。

1 □にあてはまる数を書きましょう。

① 8÷4= □

② 9÷4= □ あまり □

③ 10÷4= □ あまり □

④ 11÷4= □ あまり □

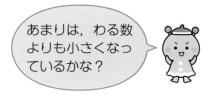
あまりは，わる数よりも小さくなっているかな？

2 計算をしましょう。

① 15÷4

② 38÷5

③ 66÷7

④ 29÷3

⑤ 21÷6

⑥ 39÷9

⑦ 55÷7

⑧ 24÷5

⑨ 60÷8

ポイント 九九を使って，わり算の答えをもとめます。
あまりがあるときは，あまりがわる数よりも小さくなっているかを，たしかめましょう。

② 答えのたしかめ
きほんのワーク

答え 5ページ

☆19÷3＝6 あまり1 の計算が正しいかを，たしかめましょう。

とき方　19÷3＝6 あまり1 は，

19 この●を 3 こずつ分けたら，3 こ
のまとまりが 6 つできて，●が1こ
あまったことを表しています。

●●●●●●　□
●●●●●●
●●●●●●
↓
1 こあまる

ちゅうい

「19÷3＝6 あまり1」
まず，「あまり1」が「わる数 3」より小さいこ
とをたしかめます。
また，答えのたしかめは，
●÷■＝▲あまり★のとき，■×▲＋★を
　（わる数）　　　　（あまり）
計算して，●になるかを調べます。
ここでは，3×6＋1＝19　を計算すること
で，わり算のたしかめになります。

「19÷3＝5 あまり4」
3×5＋4＝19　となりますが，
「あまり4」が「わる数 3」よりも大きいので，
19÷3＝5 あまり4
の計算はまちがいです。

答え　19÷3＝6 あまり1 の答えのた
しかめは，3×6＋□ を計算し，
その答えがわられる数の □ に
なっているか調べます。

1 □にあてはまる数を書きましょう。

❶ 41÷6＝6 あまり5　　たしかめ　6×□＋5＝□

❷ 29÷7＝4 あまり1　　たしかめ　7×4＋□＝□

❸ 70÷8＝8 あまり6　　たしかめ　8×□＋□＝□

2 計算をしましょう。また，答えのたしかめをしましょう。

❶ 29÷9　　　　　　　　たしかめ（　　　　　　　　　　　）

❷ 41÷5　　　　　　　　たしかめ（　　　　　　　　　　　）

❸ 57÷8　　　　　　　　たしかめ（　　　　　　　　　　　）

❹ 61÷7　　　　　　　　たしかめ（　　　　　　　　　　　）

ポイント　まず，「あまり」が「わる数」より小さいことをたしかめます。
そして，答えのたしかめをしましょう。

時間 **20** 分

とく点 ／100点

答え 5ページ

1 よく出る 計算をしましょう。 1つ4〔60点〕

❶ 9÷6　　　　❷ 60÷7　　　　❸ 28÷3

❹ 13÷2　　　　❺ 58÷9　　　　❻ 77÷8

❼ 17÷4　　　　❽ 45÷8　　　　❾ 83÷9

❿ 29÷5　　　　⓫ 16÷3　　　　⓬ 52÷6

⓭ 26÷9　　　　⓮ 33÷7　　　　⓯ 62÷8

2 計算をしましょう。また，答えのたしかめをしましょう。 1つ3〔30点〕

❶ 52÷9　　　　　　　たしかめ（　　　　　　　　　　　　　　　　）

❷ 39÷8　　　　　　　たしかめ（　　　　　　　　　　　　　　　　）

❸ 26÷3　　　　　　　たしかめ（　　　　　　　　　　　　　　　　）

❹ 47÷6　　　　　　　たしかめ（　　　　　　　　　　　　　　　　）

❺ 19÷4　　　　　　　たしかめ（　　　　　　　　　　　　　　　　）

3 次の計算の答えはまちがっています。正しくなおしましょう。 1つ5〔10点〕

❶ 30÷5＝5 あまり 5　　　　正しい計算（30÷5＝　　　　　　）

❷ 40÷7＝6 あまり 2　　　　正しい計算（40÷7＝　　　　　　）

 チェック ✔ □ あまりのあるわり算ができたかな？
□ あまりはわる数より小さくなることが理かいできたかな？

まとめのテスト❷

とく点

／100点

答え　5ページ

1 次の計算があっているときは○を，まちがっているときは×を（　）に書きましょう。また，まちがっているときは【　】に正しい答えを書きましょう。　1つ4〔16点〕

❶　30÷4=7 あまり2　　　（　　　）【30÷4=　　　　　　　】

❷　80÷9=9 あまり1　　　（　　　）【80÷9=　　　　　　　】

❸　51÷7=6 あまり9　　　（　　　）【51÷7=　　　　　　　】

❹　49÷7=6 あまり7　　　（　　　）【49÷7=　　　　　　　】

2 よく出る 計算をしましょう。　1つ5〔60点〕

❶　66÷8　　　　　❷　31÷5　　　　　❸　18÷4

❹　25÷9　　　　　❺　33÷8　　　　　❻　50÷7

❼　56÷6　　　　　❽　78÷9　　　　　❾　19÷7

❿　17÷2　　　　　⓫　44÷6　　　　　⓬　20÷7

3 計算をしましょう。また，答えのたしかめをしましょう。　1つ3〔24点〕

❶　39÷5　　　　　　　　たしかめ（　　　　　　　　　　　　　）

❷　51÷6　　　　　　　　たしかめ（　　　　　　　　　　　　　）

❸　34÷8　　　　　　　　たしかめ（　　　　　　　　　　　　　）

❹　22÷4　　　　　　　　たしかめ（　　　　　　　　　　　　　）

チェック ✓　□ わり算の答えのまちがいを見つけて，正しくなおすことができたかな？
　　　　　　　□ わり算の答えのたしかめができたかな？

33

勉強した日　月　日

まとめのテスト❶

時間 **20**分

とく点

/100点

答え 6ページ

1 よく出る 計算をしましょう。　　　　　　　　　　　1つ5〔40点〕

❶ 20÷5　　　　　　❷ 56÷8　　　　　　❸ 18÷9

❹ 35÷7　　　　　　❺ 0÷3　　　　　　❻ 80÷2

❼ 77÷7　　　　　　❽ 63÷3

2 よく出る 計算をしましょう。　　　　　　　　　　　1つ6〔30点〕

❶ 39÷4　　　　　　❷ 26÷5　　　　　　❸ 60÷9

❹ 59÷8　　　　　　❺ 15÷2

3 次の計算があっているときは○を，まちがっているときは×を（　）に書きましょう。また，まちがっているときは【　】に正しい答えを書きましょう。　　1つ6〔30点〕

❶ 24÷3＝7 あまり 3　　　　（　　　）【24÷3＝　　　　　】

❷ 49÷6＝7 あまり 7　　　　（　　　）【49÷6＝　　　　　】

❸ 63÷8＝7 あまり 7　　　　（　　　）【63÷8＝　　　　　】

❹ 26÷4＝5 あまり 6　　　　（　　　）【26÷4＝　　　　　】

❺ 72÷9＝7 あまり 9　　　　（　　　）【72÷9＝　　　　　】

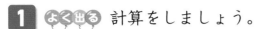
チェック ✔
□ わられる数が 0 のわり算ができたかな？
□ わられる数が何十の数のわり算ができたかな？

まとめのテスト❷

答え 6ページ

時間 **20** 分

とく点
/100点

1 よく出る 計算をしましょう。　　　　　　　　　　1つ5〔40点〕

❶ 30÷6　　　　❷ 64÷8　　　　❸ 35÷5

❹ 16÷4　　　　❺ 63÷9　　　　❻ 72÷8

❼ 48÷2　　　　❽ 99÷3

2 よく出る 計算をしましょう。　　　　　　　　　　1つ6〔30点〕

❶ 19÷2　　　　❷ 70÷9　　　　❸ 10÷3

❹ 45÷7　　　　❺ 35÷6

3 次の計算をしましょう。また，答えのたしかめをしましょう。　　1つ3〔30点〕

❶ 14÷4　　　　　　　　　たしかめ (　　　　　　　　　　　　　)

❷ 35÷8　　　　　　　　　たしかめ (　　　　　　　　　　　　　)

❸ 42÷5　　　　　　　　　たしかめ (　　　　　　　　　　　　　)

❹ 62÷7　　　　　　　　　たしかめ (　　　　　　　　　　　　　)

❺ 29÷6　　　　　　　　　たしかめ (　　　　　　　　　　　　　)

チェック ☑
□ 答えが2けたになるわり算ができたかな？
□ わり算の計算と，答えのたしかめを正しくすることができたかな？

① 10000より大きい数
きほんのワーク

答え 6ページ

☆□にあてはまる数をもとめましょう。

72538000は，千万を□こ，百万を2こ，十万を5こ，一万を□こ，千を8こあわせた数です。

とき方 72538000の位取り（くらいど）は，下のようになっています。

72538000を漢字（かん）で書くと，

千万の位	百万の位	十万の位	一万の位	千の位	百の位	十の位	一の位
千	百	十	一 万	千	百	十	一
7	2	5	3	8	0	0	0

たいせつ 🔒
各位の数字は，その数が何こあるかを表しています。

答え （千万）□こ　（一万）□こ

---

1 □にあてはまる数を書きましょう。

❶ 35628400は，千万を□こ，百万を5こ，十万を□こ，一万を□こ，千を□こ，百を4こあわせた数です。

❷ 1000を□こ集（あつ）めた数は，32000です。

2 次（つぎ）の数を漢字で書きましょう。

❶ 48954

（　　　　　　　　）

❷ 560052

（　　　　　　　　）

❸ 7839514

（　　　　　　　　）

❹ 39280060

（　　　　　　　　）

右から，数を4つずつ区切（くぎ）ると考えやすくなるね。

3 次の数を数字で書きましょう。

❶ 三万四千五百二十

（　　　　　　　　）

❷ 五十二万四千

（　　　　　　　　）

❸ 七百八十五万六千三十二

（　　　　　　　　）

❹ 二千八百万五千四百七十八

（　　　　　　　　）

ポイント 位は右からじゅんに，「一，十，百，千，万，十万，百万，千万」になっています。

② Ⅰ億までの数の大きさ

きほんのワーク

答え 6ページ

やってみよう

☆❶，❷の数直線の，㋐～㋒のめもりが表している数を答えましょう。

❶
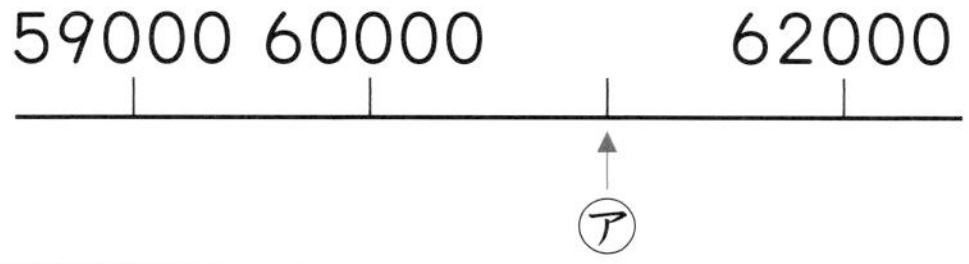

59000
60000
62000
㋐

❷
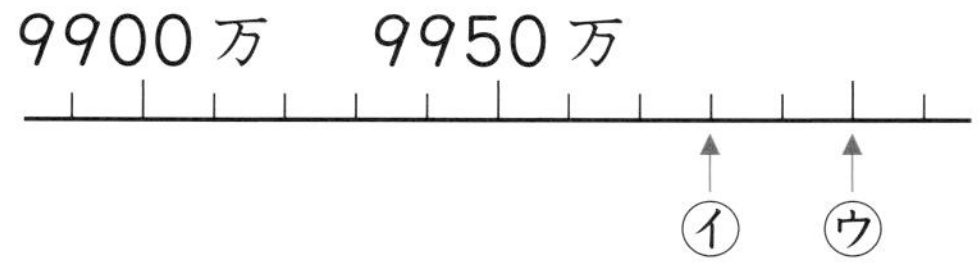

9900 万
9950 万
㋑
㋒

とき方 いちばん小さい｜めもりの大きさは，❶は［　　］，❷は［　　］万です。㋒は，9950 万より 50 万大きい数で，［　　］億です。｜億は千万を［　　］こ集めた数で，数字で書くと［　　　　］です。

たいせつ 数直線のめもりをよむときは，｜めもりの大きさや前後の数に注意します。

答え ㋐［　　］　㋑［　　］　㋒［　　］

1 次の数直線の，㋐～㋒のめもりが表している数を答えましょう。

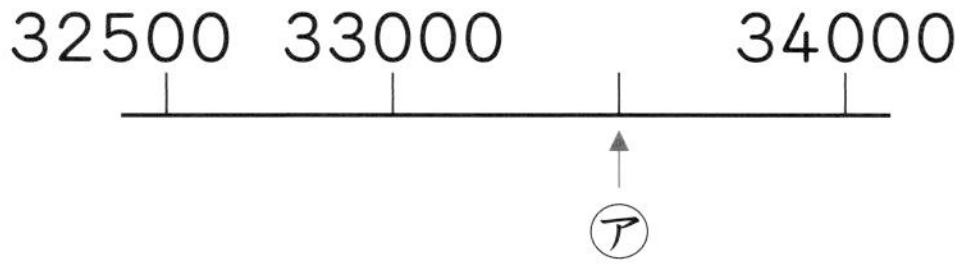

32500
33000
34000
㋐

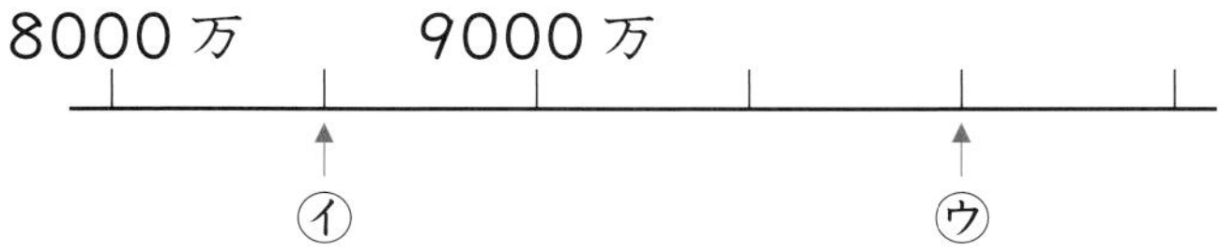

8000 万
9000 万
㋑
㋒

㋐（　　　　）　㋑（　　　　）　㋒（　　　　）

2 次の数直線の，㋐～㋔のめもりが表している数を答えましょう。

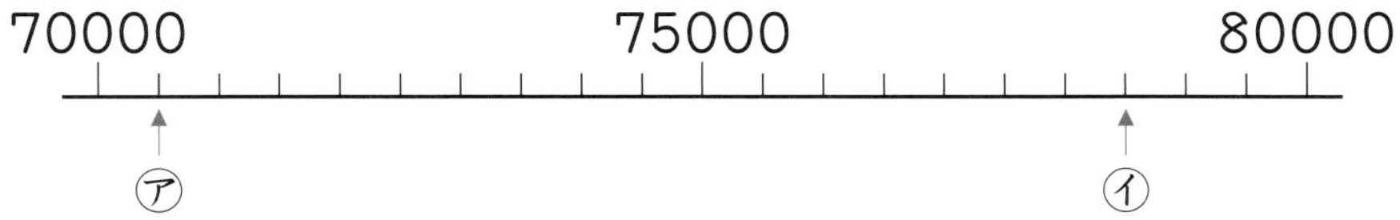

70000
75000
80000
㋐
㋑

まず，｜めもりの大きさを考えよう。

㋐（　　　　）　㋑（　　　　）

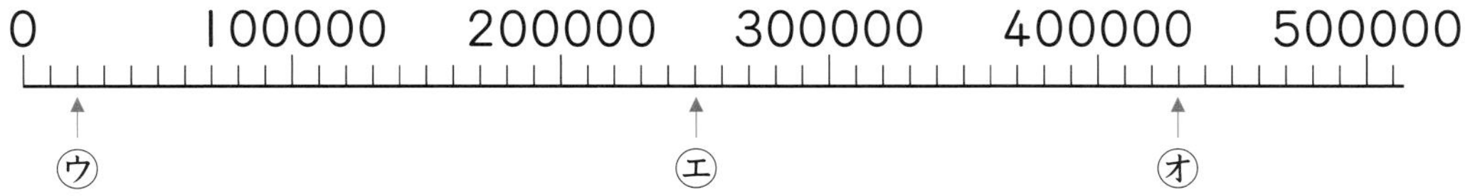

0
100000
200000
300000
400000
500000
㋒
㋓
㋔

㋒（　　　　）　㋓（　　　　）　㋔（　　　　）

ポイント 数直線では，右へいくほど数が大きくなります。千万の位の次の位は，一億の位です。

③ 大きい数の大小
きほんのワーク

答え 6ページ

やってみよう

☆ 次の数の大きさをくらべて, 大きいほうの数を答えましょう。
❶ 46500, 46350　　❷ 10200000, 1029000

とき方　❶　46500 と 46350 では, 一万の位の数は

[　], 千の位の数は [　] で同じなので, 百の位の

数の大きさをくらべます。

万				
4	6	5	0	0
4	6	3	5	0

❷　10200000 は [　] けたの数,

1029000 は [　] けたの数です。
同じ位がたてにならぶように数を書きなおす
と, 大きさのちがいがはっきりします。

	万						
1	0	2	0	0	0	0	0
	1	0	2	9	0	0	0

たいせつ🔒
まずは, それぞれの数が何けた
の数かを調べます。

答え ❶ [　　　　]　❷ [　　　　　]

❶ □にあてはまる不等号を書きましょう。

❶ 23400 [　] 65000　　❷ 98500 [　] 9900

❸ 62305 [　] 62311　　❹ 2541万 [　] 2451万

❺ 4002000 [　] 40000200

❻ 1億 [　] 1000万

「＝」の記号を等号
といい,「＞」や「＜」
の記号を不等号と
いうよ。
同＝同
小＜大　大＞小

❷ 次の数の大きさをくらべて, 大きいじゅんにならべなおしましょう。
❶ 38090, 30890, 3890, 39008, 380900

(　　　　　　　　　　　　　　　　　　)

❷ 987100, 978100, 897100, 918700, 891799

(　　　　　　　　　　　　　　　　　　)

ポイント　38200 と 38500 のように同じけた数のときは,
「一万の位」→「千の位」→「百の位」と上の位からじゅんに, 大きさをくらべます。

④ 大きい数のたし算とひき算
きほんのワーク

答え 6ページ

やってみよう

☆計算をしましょう。　❶ 4000＋9000　❷ 23万－7万

とき方　❶　4000＋9000 は
1000 が，4＋9＝ □ より，
□ ある。

❷　23万－7万は
1万が，23－7＝ □ より，
□ ある。

たいせつ 🔒

大きい数のたし算，ひき算は，1000や1万をもとにして，たしたり，ひいたりします。

答え ❶ □　❷ □

1 計算をしましょう。

❶　7000＋8000

❷　60000＋40000

❸　200000＋30000

❹　47000＋19000

❺　11000－7000

❻　9000000－2000000

❼　680000－80000

❽　33000－17000

何をもとにして計算すればいいか考えよう。

2 計算をしましょう。

❶　7万＋8万

❷　24万＋60万

❸　9万＋51万

❹　200万＋700万

❺　6万－3万

❻　78万－70万

❼　800万－400万

❽　43万－19万

 1000や1万などをもとにして計算します。

39

⑤ 10倍，100倍，1000倍した数と10でわった数

きほんのワーク

答え 6ページ

☆ 計算をしましょう。

❶ 450×10　❷ 450×100　❸ 450÷10

とき方 右の表から，次のことがわかります。

❶ 数を10倍すると，位が1つずつ上がり，もとの数の右に0を1こつけた数になります。

❷ 数を100倍すると，位が2つずつ上がり，もとの数の右に0を2こつけた数になります。

❸ 一の位に0のある数を10でわると，位が1つずつ下がり，もとの数の一の位の0をとった数になります。

たいせつ

10倍すると，位は1つずつ上がります。
100倍すると，位は2つずつ上がります。
1000倍すると，位は3つずつ上がります。
10でわると，位は1つずつ下がります。

答え ❶ □　❷ □　❸ □

1 計算をしましょう。

❶ 15×10　　❷ 301×10　　❸ 81×100

❹ 700×100　　❺ 34×1000　　❻ 520×1000

❼ 50÷10　　❽ 400÷10

❾ 980÷10　　❿ 3000÷10

数を1000倍すると，もとの数の右に0を3こつけた数になるよ。

2 □にあてはまる数を書きましょう。

❶ 80万を100倍した数は □ 万です。

❷ 9500万を10でわった数は □ 万です。

100倍 は10倍の10倍と考えることもできるね。

 ポイント もとの数の右に「0を1こつけると10倍」，「0を2こつけると100倍」，「0を3こつけると1000倍」になります。

まとめのテスト

時間 **20** 分

答え **6ページ**

とく点　／100点

1 よく出る □にあてはまる数やことばを書きましょう。　　　　1つ4〔8点〕

❶ 1000万を10倍した数は，1□です。

❷ 79432500は，千万を□こ，百万を□こ，十万を4こ，

一万を□こ，千を□こ，百を□こあわせた数です。

2 次の数を数字で書きましょう。　　　　1つ5〔20点〕

❶ 五万六千三十

（　　　　　　　　　）

❷ 千五百万

（　　　　　　　　　）

❸ 二千八百万五千四百七十八

（　　　　　　　　　）

❹ 百八万十八

（　　　　　　　　　）

3 よく出る 次の数直線の，⑦～⑦のめもりが表している数を答えましょう。

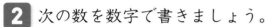

87500　88000　　　　89000　　　600万　800万

⑦　　　　　　　　　　　⑦　　　　⑦

1つ4〔12点〕

⑦（　　　　　　）　⑦（　　　　　　）　⑦（　　　　　　）

4 □にあてはまる不等号を書きましょう。　　　　1つ5〔20点〕

❶ 20000 □ 30000

❷ 43528736 □ 43527836

❸ 9800 □ 980万

❹ 100000000 □ 10000001

5 □にあてはまる数をもとめましょう。　　　　1つ5〔40点〕

❶ 38000＋55000＝□

❷ 91万－7万＝□

❸ 19×10＝□

❹ 50×100＝□

❺ 850×1000＝□

❻ 9000÷10＝□

❼ 45万×100＝□万

❽ 6000万÷10＝□万

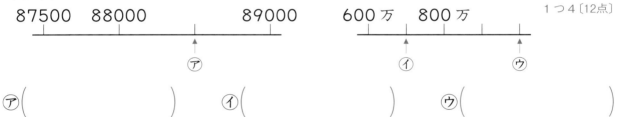

チェック ✔
□ 1億までの数のしくみが理かいできたかな？
□ 10倍，100倍，1000倍した数，10でわった数をもとめられたかな？

41

① 長さのたんい
きほんのワーク

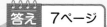

答え 7ページ

☆ □にあてはまる数をもとめましょう。
   ❶ 3000 m＝□ km　　❷ 2 km 300 m＝□ m

たいせつ🔒
1 km＝1000 m です。
「km」は「キロメートル」
とよみます。

とき方 ❶ ［　　　］m は 1 km なので，

3000 m は ［　　］km です。

❷ 1 km は ［　　　］m なので，2 km は ［　　　］m です。

2 km 300 m は ［　　　］m と 300 m をあわせた長さです。

答え ❶ ［　　］　　❷ ［　　　　］

1 □にあてはまる数を書きましょう。

❶ 2000 m＝［　　］km　　　　　❷ 6000 m＝［　　］km

❸ 4 km＝［　　　］m　　　　　❹ 4500 m＝4 km ［　　　］m

❺ 1800 m＝［　　］km ［　　　］m

> 1 km＝1000 m
> だったね！

2 □にあてはまる数を書きましょう。

❶ 7000 m＝［　　］km　　　　　❷ 5 km＝［　　　］m

❸ 6300 m＝［　　］km ［　　］m　　❹ 3600 m＝［　　］km ［　　］m

❺ 5 km 400 m＝［　　　］m　　　　❻ 2 km 100 m＝［　　　］m

❼ 9070 m＝［　　］km ［　　］m　　❽ 8 km 50 m＝［　　　］m

❾ 25000 m＝［　　］km　　　　　❿ 31 km＝［　　　］m

⓫ 10 km 500 m＝［　　　］m　　　⓬ 10700 m＝［　　］km ［　　］m

ポイント 1 km＝1000 m より，10 km＝10000 m となります。

② 長さの計算
きほんのワーク

答え 7ページ

やってみよう

☆ □にあてはまる数をもとめましょう。

● 1 km 300 m＋200 m＝1 km □ m　　❷ 1 km－600 m＝□ m

とき方 ● 1 km 300 m＋200 m

＝1 km＋□ m＋200 m＝1 km □ m

❷ 1 km－600 m＝□ m－600 m

＝□ m

答え ● □　　❷ □

たいせつ 🔒

同じたんいの長さであれば，たしたり，ひいたりすることができます。たんいがちがうときは，1 km＝1000 m をり用して，たんいをそろえてから計算をします。

1 □にあてはまる数を書きましょう。

● 2 km 600 m＋200 m＝□ km □ m

❷ 1 km－800 m＝□ m－800 m＝□ m

❸ 3 km 200 m＋4 km 150 m＝□ km □ m

❹ 9 km 650 m－6 km 350 m＝□ km □ m

2 □にあてはまる数を書きましょう。

● 3 km 500 m＋1 km 500 m＝4 km □ m＝□ km

❷ 3 km 650 m＋4 km 350 m＝7 km □ m＝□ km

❸ 2 km 800 m＋4 km 700 m＝6 km □ m＝□ km □ m

❹ 4 km 450 m＋3 km 950 m＝7 km □ m＝□ km □ m

❺ 6 km－700 m＝5 km □ m－700 m＝□ km □ m

❻ 8 km 100 m－900 m＝7 km □ m－900 m＝□ km □ m

ポイント 計算をする前に，たんいがそろっているかを，たしかめます。

43

9 長さ

まとめのテスト❶

答え 7ページ

時間 20分

とく点 /100点

1 よく出る □にあてはまる数を書きましょう。　　　1つ5〔60点〕

① 2km=□m　　② 3000m=□km

③ 5000m=□km　　④ 9500m=9km□m

⑤ 6800m=□km□m　　⑥ 8km400m=□m

⑦ 9km600m=□m　　⑧ 3km300m=□m

⑨ 5009m=□km□m　　⑩ 48000m=□km

⑪ 73km=□m　　⑫ 10km400m=□m

2 □にあてはまる数を書きましょう。　　　1つ5〔40点〕

① 3km200m+500m=□km□m

② 2km700m+600m=□km□m

③ 4km300m+5km400m=□km□m

④ 3km300m+900m=□km□m

⑤ 3km800m−400m=□km□m

⑥ 5km900m−700m=□km□m

⑦ 1km−200m=□m

⑧ 4km200m−1km100m=□km□m

44

チェック✔　□「m」や「km」のたんいの使い方がわかったかな？
　　　　　　□長さの計算をすることができたかな？

まとめのテスト❷

時間 **20** 分

答え 7ページ

とく点 /100点

1 よく出る □にあてはまる数を書きましょう。　1つ5〔40点〕

① 6km= ☐ m

② 8000m= ☐ km

③ 7900m= ☐ km ☐ m

④ 1200m= ☐ km ☐ m

⑤ 3km800m= ☐ m

⑥ 16000m= ☐ km

⑦ 18km= ☐ m

⑧ 42km195m= ☐ m

2 □にあてはまる数を書きましょう。　1つ6〔60点〕

① 7km200m+600m= ☐ km ☐ m

② 5km700m+800m= ☐ km ☐ m

③ 7km900m+5km100m= ☐ km

④ 1km950m+2km50m= ☐ km

⑤ 2km500m+7km500m= ☐ km

⑥ 5km900m−700m= ☐ km ☐ m

⑦ 1km−650m= ☐ m

⑧ 4km300m−500m= ☐ km ☐ m

⑨ 7km800m−4km300m= ☐ km ☐ m

⑩ 2km−1km750m= ☐ m

チェック☑ □「m」を「km」に，「km」を「m」になおすことができたかな？
□1000mをこえた長さをkmとmになおすことができたかな？

① 何十，何百のかけ算

きほんのワーク

答え 7ページ

☆次の計算をしましょう。　 ❶ 30×4　 ❷ 200×3

とき方 ❶ 　30×4 は，右の図から，10 が

　　　　　 [　　] こあると考えることができるので，

　30×4＝10×(3×4)＝10×12＝[　　　] です。

10	10	10	10
10	10	10	10
10	10	10	10

❷ 　200×3 は，2×3＝6 より，100 が

　　　　 [　　] こあると考えることができるので，

　200×3＝100×(2×3)＝100×6＝[　　　] です。

答え ❶ [　　　]　 ❷ [　　　]

1 □にあてはまる数を書きましょう。

❶ 60×2＝10×(6×[　])＝10×[　　]＝[　　　]

❷ 50×8＝10×([　]×8)＝10×[　　]＝[　　　]

❸ 300×9＝100×(3×[　])＝100×[　　]＝[　　　]

❹ 700×6＝100×([　]×6)＝100×[　　]＝[　　　]

2 計算をしましょう。

❶ 70×3　　　　　　 ❷ 20×9

❸ 40×7　　　　　　 ❹ 90×5

❺ 80×6　　　　　　 ❻ 500×7

❼ 900×8　　　　　　 ❽ 400×5

❾ 600×4　　　　　　 ❿ 800×2

かけられる数が 10 倍，100 倍になると，答えも 10 倍，100 倍になるね。

ポイント 10 が何こあるか，100 が何こあるかを考えます。

② くり上がりのない(2けた)×(1けた)の計算

きほんのワーク

答え 8ページ

☆41×2 の計算をしましょう。

位をたてにそろえて書いて，筆算で計算します。「一の位→十の位」とじゅんに計算します。

とき方 ここでは，筆算で計算します。

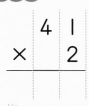 →  →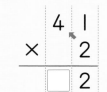

位をたてにそろえて書く。

一の位の計算は，二一が 2 になる。

十の位の計算は，二四が 8 になる。

答え

❶ 計算をしましょう。

❶
```
    2 2
×     4
    8 □
```

❷
```
    3 1
×     2
  □   2
```

❸
```
    4 4
×     2
```

❹
```
    3 3
×     3
```

❷ 計算をしましょう。

❶
```
    1 3
×     3
```

❷
```
    3 4
×     2
```

❸
```
    2 2
×     3
```

❹
```
    1 1
×     4
```

❺
```
    2 4
×     2
```

❻
```
    1 2
×     4
```

❼
```
    3 2
×     2
```

❽
```
    4 3
×     2
```

❸ 計算をしましょう。

❶ 31×3

❷ 11×8

❸ 42×2

❹ 23×3

❺ 14×2

❻ 11×7

ポイント かけ算の筆算も，位をたてにそろえて書きます。

③ くり上がりのある(2けた)×(1けた)の計算
きほんのワーク

答え 8ページ

やってみよう

⭐ 25×3 の計算をしましょう。

とき方 筆算(ひっさん)は，次(つぎ)のようになります。

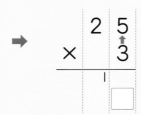

位(くらい)をたてに
そろえて書く。

三五 15 の 5 を
一の位に書き，
1 を十の位にくり上げる。

三二が 6 の 6 に，
くり上げた 1 を
たして 7 を十の位に書く。

くり上がりに気を
つけて，
一の位からじゅん
に計算します。

答え □

---

1 計算をしましょう。

❶
```
    1 7
  ×   5
  □ 5
```

❷
```
    4 5
  ×   2
```

❸
```
    2 9
  ×   6
```

❹
```
    5 3
  ×   4
```

2 計算をしましょう。

❶
```
    1 8
  ×   5
```

❷
```
    4 8
  ×   2
```

❸
```
    1 3
  ×   7
```

❹
```
    2 9
  ×   3
```

❺
```
    2 6
  ×   6
```

❻
```
    6 9
  ×   4
```

❼
```
    5 2
  ×   8
```

❽
```
    3 7
  ×   9
```

3 計算をしましょう。

❶ 28×3

❷ 16×6

❸ 37×2

❹ 43×7

❺ 85×4

❻ 49×5

ポイント 位をたてにそろえて書いて，筆算で計算します。
くり上がりに気をつけながら，一の位からじゅんに計算をしていきます。

④ （3けた）×（1けた）の計算
きほんのワーク

答え 8ページ

☆ 329×5 の計算をしましょう。

とき方 筆算は，次のようになります。

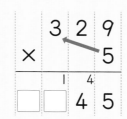

```
    3 2 9          3 2 9          3 2 9
  ×     5    →   ×     5    →   ×     5
      4            1 4            1 4
      □            □ 5          □ □ 4 5
```

五九 45 の 5 を
一の位に書き，
4 を十の位にくり上げる。

五二 10 の 10 に，
くり上げた 4 をたして 14，
十の位に 4 を書き，
1 を百の位にくり上げる。

五三 15 の 15 に，
くり上げた 1 をたして 16，
百の位に 6 を書き，
1 を千の位にくり上げる。

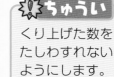

ちゅうい
くり上げた数を
たしわすれない
ようにします。

答え
```
┌──────┐
│      │
└──────┘
```

1 計算をしましょう。

❶
```
    2 2 1
  ×     4
```

❷
```
    1 2 3
  ×     3
```

❸
```
    3 1 0
  ×     8
```

❹
```
    1 6 4
  ×     2
```

❺
```
    3 7 3
  ×     5
```

❻
```
    2 0 9
  ×     7
```

❻の十の位は，一
の位の七九 63 の
くり上げた 6 と，
十の位の七れいが
0 の 0 をたすから，
6 を書くのね。

2 計算をしましょう。

❶
```
  2 3 3
×     3
```

❷
```
  6 1 1
×     8
```

❸
```
  5 3 2
×     3
```

❹
```
  8 6 0
×     9
```

❺
```
  1 7 5
×     5
```

❻
```
  4 4 9
×     6
```

❼
```
  7 7 8
×     4
```

❽
```
  9 0 6
×     7
```

ポイント かけられる数が 3 けたになっても，位をたてにそろえて書いて，筆算で計算します。

10 かけ算の筆算（1）

⑤ （4けた）×（1けた）の計算
きほんのワーク

答え 8ページ

やってみよう

⭐ **3247×3の計算をしましょう。**

とき方 筆算（ひっさん）は，次（つぎ）のようになります。

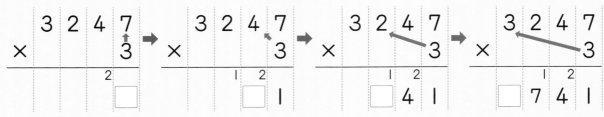

|三七21の1を
一の位に書き，
2を十の位に
くり上げる。|三四12の12に，
くり上げた2をたして
14，十の位に4を書き，
1を百の位にくり上げる。|三二が6の6に，
くり上げた1をたして7，
百の位に7を書く。|三三が9の
9を千の位に書く。|

たいせつ🔒

数が大きくなっても，筆算のしかたは同じです。
筆算は，位をたてにそろえて書いて，くり上がりに気をつけて計算します。

答え _____

❶ 計算をしましょう。

❶
```
    2 5 4 6
  ×       3
```

❷
```
    2 3 1 8
  ×       4
```

❸
```
    1 0 4 9
  ×       5
```

❷ 計算をしましょう。

❶
```
    2 4 3 6
  ×       2
```

❷
```
    3 2 7 3
  ×       3
```

くり上げた数を
小さく書いてお
くといいよ！

❸
```
    2 8 2 5
  ×       4
```

❹
```
    1 7 0 8
  ×       7
```

❺
```
    4 9 5 6
  ×       2
```

ポイント 筆算をするときは，位がたてにきちんとそろうように書いて，一の位からじゅんに計算しましょう。

まとめのテスト

 時間 **20** 分

答え 8ページ

1 よく出る　計算をしましょう。　　　　　1つ3〔60点〕

❶ 60×3　　❷ 80×9　　❸ 700×4　　❹ 500×6

❺
```
    2 1
×    3
```

❻
```
    3 2
×    4
```

❼
```
    8 1
×    9
```

❽
```
    1 9
×    5
```

❾
```
    7 5
×    8
```

❿
```
    4 9
×    7
```

⓫
```
    2 9
×    4
```

⓬
```
    6 3
×    8
```

⓭
```
    4 4 0
×      2
```

⓮
```
    7 5 0
×      4
```

⓯
```
    5 0 6
×      7
```

⓰
```
    4 4 3
×      6
```

⓱
```
    3 7 0
×      8
```

⓲
```
    2 1 8
×      7
```

⓳
```
    8 7 5
×      5
```

⓴
```
    6 0 2
×      9
```

2 計算をしましょう。　　　　　1つ5〔40点〕

❶ 54×3　　❷ 18×7　　❸ 46×5

❹ 62×9　　❺ 387×4　　❻ 290×8

❼ 709×2　　❽ 867×6

□ 何十，何百のかけ算ができたかな？
□ 筆算を使って，かけ算をすることができたかな？

51

① 小数の表し方 (1)
きほんのワーク

答え 8ページ

やってみよう

☆ 下の図で, 色をぬった
ところの水のかさは
何 L ですか。また,
何 dL ですか。

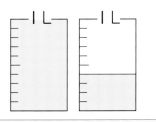

とき方 1L を 10 等分した 1 こ分のかさは

◻ L です。右がわのますには,

◻ L の水が入っているので, 水のかさは,

◻ L になります。また, 0.1 L＝1dL

なので, 水のかさは, ◻ dL になります。

たいせつ 🔒

1 を 10 等分した 1 こ分を, 「0.1」
と書き, 「れい点一」とよみます。

答え

◻ L

◻ dL

① 下の図で, 色をぬったところの水のかさは, 何 L ですか。

①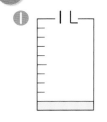

( )

②
( )

③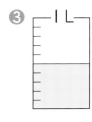

( )

④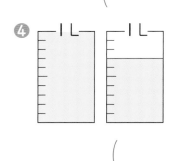

( )

⑤
( )

② 次の水のかさだけ, 色をぬりましょう。

① 0.8 L

② 1.6 L

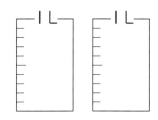

めもり 1 こ分が
0.1 L だね！

ポイント 0.1 や 1.4 のような数を「小数」といいます。
0.1 L の何こ分かを考えれば, L だけで水のかさを表すことができます。

② 小数の表し方 (2)
きほんのワーク

答え 8ページ

☆□にあてはまる数をもとめましょう。

1mm は 1cm を□等分した 1 こ分の長さだから, 1mm＝□cm です。

とき方 1cm は 10mm だから, 1mm は 1cm を [   ] 等分した 1 こ分に

なります。1 を 10 等分した 1 こ分は 0.1 なので, 1mm＝[   ] cm です。

答え [   ] 等分 [   ] cm

1 □にあてはまる数を書きましょう。

❶ 3mm＝[   ] cm

❷ 8mm＝[   ] cm

❸ 66mm＝[   ] cm

❹ 49mm＝[   ] cm

❺ 5cm4mm＝[   ] cm

❻ 2cm7mm＝[   ] cm

❼ 5dL＝[   ] L

❽ 9dL＝[   ] L

❾ 13dL＝[   ] L

❿ 75dL＝[   ] L

⓫ 3L2dL＝[   ] L

⓬ 8L4dL＝[   ] L

2 □にあてはまる数を書きましょう。

❶ 9.2cm は, 0.1cm の [   ] こ分の長さです。

❷ 0.1cm の 46 こ分の長さは, [   ] cm です。

❸ 2L3dL は, 0.1L の [   ] こ分のかさです。

❹ 0.1L の 48 こ分のかさは [   ] L です。

> **たんいの関係**
> 1mm＝0.1cm
> 1dL ＝0.1L

3 □にあてはまる数を書きましょう。

❶ 60cm が何 m かを考えます。1m＝[   ] cm だから, 10cm は 1m を

[   ] 等分した 1 こ分です。このことから, 10cm＝[   ] m となるので,

60cm＝[   ] m とわかります。

❷ 2m30cm＝[   ] m

❸ 50cm＝[   ] m

ポイント 長さのたんいの関係→ 10cm＝0.1m, 1mm＝0.1cm
かさのたんいの関係→ 1dL＝0.1L

③ 小数のしくみ
きほんのワーク

答え 9ページ

☆下の数直線で，⑦，①のめもりが表す数を答えましょう。

```
0         1         2         3
├┼┼┼┼┼┼┼┼┼┼┼┼┼┼┼┼┼┼┼┼┼┼┼┼┼┼┼┤
        ↑                        ↑
        ⑦                        ①
```

とき方　数直線のいちばん小さい1めもりは，

[　　　] を表しています。⑦は0.1 の

[　　] こ分で，[　　　] を表しています。

①は0.1 の [　　　] こ分で，[　　　] を

表しています。

たいせつ🔒

数直線では，右へいくほど数が大きくなります。「.」を小数点といい，小数点のすぐ右の位を**小数第一位**といいます。たとえば，「2.7」の小数第一位の数は 7 となります。

答え ⑦ [　　　]　　① [　　　]

1 下の数直線で，⑦〜①のめもりが表す数を答えましょう。

```
0         1         2         3         4
├┼┼┼┼┼┼┼┼┼┼┼┼┼┼┼┼┼┼┼┼┼┼┼┼┼┼┼┼┼┼┼┼┼┼┤
    ↑              ↑              ↑              ↑
    ⑦              ①              ⑦              ①
```

⑦(　　　　　) ①(　　　　　) ⑦(　　　　　) ①(　　　　　)

2 下の数直線で，⑦〜①の数を表すめもりに↑をかきましょう。

　⑦ 0.7　　　　① 1.2　　　　⑦ 2.9　　　　① 3.4

```
0         1         2         3         4
├┼┼┼┼┼┼┼┼┼┼┼┼┼┼┼┼┼┼┼┼┼┼┼┼┼┼┼┼┼┼┼┼┼┼┤
```

3 □にあてはまる数を書きましょう。

❶ 3.7 は，3 と [　　　　] をあわせた数で，3.7 は 0.1 の [　　　　] こ分の大きさです。

❷ 0.1 を 18 こ集めた数は [　　　　] です。

ポイント　0.1 を 10 こ集めると 1 になります。

④ くり上がりのない小数のたし算

きほんのワーク

答え 9ページ

☆ 1.4 + 0.2 の計算をしましょう。

とき方

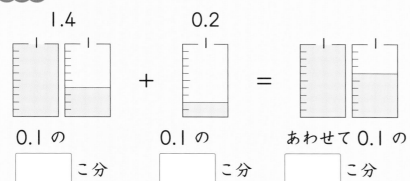

1.4　　　0.2

+　　　=

0.1 の　　　　0.1 の　　　　あわせて 0.1 の

☐ こ分　　　☐ こ分　　　☐ こ分

たいせつ 🔒
1.4 + 0.2 は, 0.1 をもとにして, 14 + 2 の計算で考えることができます。

答え ☐

1 計算をしましょう。ひつようなら, 図を使って考えましょう。

① 0.3 + 0.4

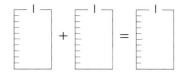

(　　　　　)

② 1.2 + 0.6

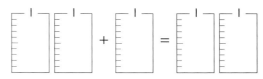

(　　　　　)

2 計算をしましょう。

① 0.7 + 0.1

② 1.3 + 0.2

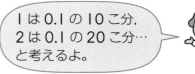

1 は 0.1 の 10 こ分, 2 は 0.1 の 20 こ分… と考えるよ。

③ 0.4 + 1.1

④ 1.2 + 1.5

⑤ 1 + 0.9

⑥ 0.8 + 2

⑦ 0.6 + 7

⑧ 2.3 + 6

⑨ 2.7 + 3

⑩ 8 + 1.6

ポイント 0.1 の何こ分かを考えると, 整数(せいすう)のときと同じようにたし算できます。

⑤ くり上がりのある小数のたし算
きほんのワーク

答え 9ページ

やってみよう

⭐1.6 ＋ 0.9 の計算をしましょう。

とき方

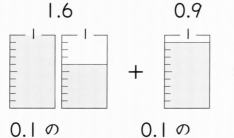

1.6　　　　　0.9

0.1 の　　　　　0.1 の　　　　　あわせて 0.1 の
☐ こ分　　　　☐ こ分　　　　☐ こ分

くり上がりがあるときも，あわせると0.1の何こ分になるのかを考えます。

答え ☐

1 1.7 ＋ 0.6 の計算をしましょう。ひつようなら，図を使って考えましょう。

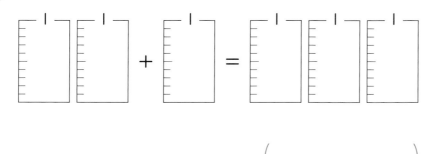

（　　　　　　　）

0.1 が 10こ集まると 1 になるね。これが，くり上がりだよ！

2 計算をしましょう。

① 0.7＋0.8　　　② 0.2＋0.9　　　③ 0.6＋0.7

④ 1.9＋0.2　　　⑤ 1.8＋1.4　　　⑥ 1.6＋1.8

⑦ 0.4＋1.7　　　⑧ 1.9＋0.3　　　⑨ 1.4＋0.6

⑩ 1.7＋1.5　　　⑪ 1.1＋1.9　　　⑫ 1.8＋1.2

ポイント　答えの小数第一位が 0 になったら，その 0 と小数点をとって，整数で答えます。

⑥ くり下がりのない小数のひき算
きほんのワーク

答え 9ページ

やってみよう

⭐ 1.8 − 0.5 の計算をしましょう。

とき方

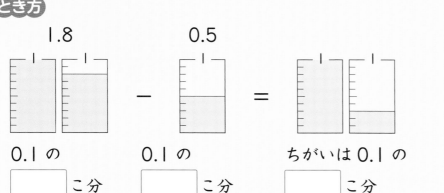

1.8　　　　　0.5

0.1 の □ こ分　　　0.1 の □ こ分　　　ちがいは 0.1 の □ こ分

たいせつ🔒
1.8 − 0.5 は,
0.1 をもとにし
て, 18 − 5 の
計算で考えるこ
とができます。

答え □

1 計算をしましょう。ひつようなら, 図を使って考えましょう。

① 0.8 − 0.6

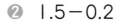

（　　　　　　　）

② 1.5 − 0.2

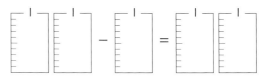

（　　　　　　　）

2 計算をしましょう。

① 0.7 − 0.2

② 1.6 − 0.3

③ 1.7 − 0.6

④ 1.4 − 0.3

⑤ 2.4 − 0.2

⑥ 2.6 − 0.5

⑦ 1.8 − 1.2

⑧ 2.5 − 0.4

⑨ 1.9 − 0.9

⑩ 2.1 − 1.1

1.0 は 1 と
同じだね!

ポイント　答えの小数第一位が 0 になったら, その 0 と小数点をとって, 整数で答えます。

勉強した日　月　日

⑦ くり下がりのある小数のひき算
きほんのワーク

答え 9ページ

⭐ 1.3 − 0.8 の計算をしましょう。

とき方

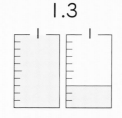

1.3　　　　　0.8

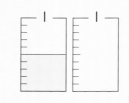

0.1 の　　　　0.1 の　　　　ちがいは 0.1 の

□ こ分　　　□ こ分　　　□ こ分

くり下がりがあるときも，ちがいは0.1の何こ分になるのかを考えます。

答え □

---

1 計算をしましょう。ひつようなら，図を使って考えましょう。

① 1.4 − 0.6

（　　　　　　）

② 1.7 − 0.9

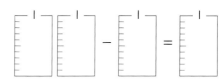

（　　　　　　）

2 計算をしましょう。

① 1.2 − 0.5　　　② 1.6 − 0.7

③ 1.4 − 0.8　　　④ 1.8 − 0.9

2は2.0，3は3.0と考えよう！

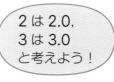

⑤ 2.3 − 1.5　　　⑥ 2.2 − 1.8　　　⑦ 2.8 − 1.9

⑧ 2 − 0.4　　　⑨ 3 − 0.1　　　⑩ 2 − 1.3

ポイント　0.1の何こ分かを考えると，整数のときと同じようにひき算できます。

まとめのテスト

時間 **20** 分

答え 9ページ

とく点

／100点

1 □にあてはまる数を書きましょう。　　　　1つ4〔16点〕

❶ 0.1 を 34 こ集めた数は □ です。

❷ 10.8 は，0.1 の □ こ分の大きさです。

❸ 4L 1dL = □ L

❹ 20cm8mm = □ cm

2 □にあてはまる不等号を書きましょう。　　　　1つ5〔15点〕

❶ 0.9 □ 1　　　　❷ 1.3 □ 0.8　　　　❸ 1.9 □ 2

3 よく出る 計算をしましょう。　　　　1つ4〔24点〕

❶ 0.7＋0.2　　　　❷ 1.3＋0.6　　　　❸ 1.1＋1.7

❹ 0.4－0.3　　　　❺ 1.9－0.5　　　　❻ 1.2－0.1

4 計算をしましょう。　　　　1つ5〔45点〕

❶ 0.9＋1.7　　　　❷ 0.5＋0.5　　　　❸ 0.7＋0.5

❹ 1.4＋1.8　　　　❺ 1.6－0.8　　　　❻ 2.1－1.2

❼ 2.7－2　　　　❽ 2－0.9　　　　❾ 2－1.8

チェック✔　□ 小数のしくみや小数の大小が理かいできたかな？
　　　　　　□ 小数のたし算やひき算ができたかな？

59

① 小数のたし算
きほんのワーク

答え 9ページ

★ 4.6＋2.3 の計算をしましょう。

とき方 小数を「整数部分」と「小数部分」に分けて考えます。

$$4.6+2.3=(4+\boxed{})+(2+\boxed{})$$
$$=(4+2)+(\boxed{}+\boxed{})$$
$$=6+\boxed{}=\boxed{}$$

たいせつ
小数を「整数部分」と「小数部分」に分けて考えましょう。

整数部分どうし，小数部分どうしのたし算をします。

答え ☐

1 ☐にあてはまる数を書きましょう。

❶ $1.4+5.5=(1+\boxed{})+(5+\boxed{})$
$=(1+5)+(\boxed{}+\boxed{})$
$=6+\boxed{}=\boxed{}$

❷ $3.2+2.9=(\boxed{}+0.2)+(\boxed{}+0.9)$
$=(\boxed{}+\boxed{})+(0.2+0.9)$
$=\boxed{}+1.1=\boxed{}$

❸ $2.7+1.3=(2+\boxed{})+(1+\boxed{})$
$=(2+1)+(\boxed{}+\boxed{})$
$=3+\boxed{}=\boxed{}$

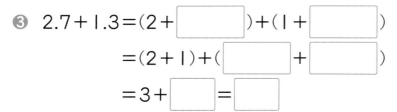 

❸は，小数部分どうしをたすと，1になるよ。

2 計算をしましょう。

❶ 1.2＋4.3　　　❷ 6.1＋2.8　　　❸ 1.5＋0.5

❹ 3.4＋5.9　　　❺ 3.7＋6.6　　　❻ 7.8＋1.4

ポイント 小数を「整数部分」と「小数部分」に分けて，たし算をすることもできます。
小数部分どうしのたし算が1になるときや，くり上がりがあるときは，注意しましょう。

② 小数のたし算の筆算

きほんのワーク

答え 9ページ

⭐ 4.3 ＋ 8.6 の計算をしましょう。

とき方 ここでは，筆算で計算します。

$$
\begin{array}{r}
4.3 \\
+\ 8.6 \\
\hline
\end{array}
$$

位をたてに
そろえて書く。

➡

$$
\begin{array}{r}
4.3 \\
+\ 8.6 \\
\hline
\square\square\square
\end{array}
$$

整数のたし算
と同じように
計算する。

➡

$$
\begin{array}{r}
4.3 \\
+\ 8.6 \\
\hline
1\ 2\square 9
\end{array}
$$

上の小数点に
そろえて，
答えの小数点
をうつ。

たいせつ 🔒

位をそろえて書いてか
ら，筆算をします。
筆算では，小数点のい
ちをそろえます。

答え ☐

1 計算をしましょう。

①
$$
\begin{array}{r}
7.0 \\
+\ 2.5 \\
\hline
9\square 5
\end{array}
$$

②
$$
\begin{array}{r}
9.8 \\
+\ 3.9 \\
\hline
\square\square\square 7
\end{array}
$$

③
$$
\begin{array}{r}
5.2 \\
+\ 3.8 \\
\hline
\square\square 0
\end{array}
$$

❸のように，小
数第一位が0の
ときは，9.0で
はなく9が答え
になるね。

2 計算をしましょう。

①
$$
\begin{array}{r}
3.5 \\
+\ 2.4 \\
\hline
\end{array}
$$

②
$$
\begin{array}{r}
8.7 \\
+\ 1.2 \\
\hline
\end{array}
$$

③
$$
\begin{array}{r}
1.6 \\
+\ 2.1 \\
\hline
\end{array}
$$

④
$$
\begin{array}{r}
2.2 \\
+\ 4.5 \\
\hline
\end{array}
$$

⑤
$$
\begin{array}{r}
5.4 \\
+\ 3.7 \\
\hline
\end{array}
$$

⑥
$$
\begin{array}{r}
1.5 \\
+\ 2.8 \\
\hline
\end{array}
$$

⑦
$$
\begin{array}{r}
6.8 \\
+\ 1.6 \\
\hline
\end{array}
$$

⑧
$$
\begin{array}{r}
4.3 \\
+\ 0.9 \\
\hline
\end{array}
$$

⑨
$$
\begin{array}{r}
4.7 \\
+\ 3.9 \\
\hline
\end{array}
$$

⑩
$$
\begin{array}{r}
6.9 \\
+\ 5.1 \\
\hline
\end{array}
$$

⑪
$$
\begin{array}{r}
3.6 \\
+\ 6\ \ \\
\hline
\end{array}
$$

⑫
$$
\begin{array}{r}
8\ \ \\
+\ 2.5 \\
\hline
\end{array}
$$

ポイント 整数と小数のたし算のときは，筆算の位のそろえ方に注意しましょう。

③ 小数のひき算

きほんのワーク

答え 9ページ

やってみよう

⭐5.7 − 2.3 の計算をしましょう。

とき方 小数を「整数部分」と「小数部分」に分けて考えます。

$5.7 − 2.3 = (5 + \boxed{}) − (2 + \boxed{})$

$= (5 − 2) + (\boxed{} − \boxed{})$

$= 3 + \boxed{} = \boxed{}$

たいせつ 🔒
小数を「整数部分」と「小数部分」に分けて考えましょう。

整数部分どうし, 小数部分どうしのひき算をします。

答え $\boxed{}$

1 ☐ にあてはまる数を書きましょう。

① $4.8 − 1.2 = (4 + \boxed{}) − (1 + \boxed{})$

$= (4 − 1) + (\boxed{} − \boxed{})$

$= 3 + \boxed{} = \boxed{}$

② $9.6 − 3.4 = (\boxed{} + 0.6) − (\boxed{} + 0.4)$

$= (\boxed{} − \boxed{}) + (0.6 − 0.4)$

$= \boxed{} + 0.2 = \boxed{}$

2 計算をしましょう。

① $2.6 − 1.2$ ② $7.3 − 3.2$ ③ $6.7 − 1.2$

④ $5.4 − 5.1$ ⑤ $7.6 − 6.6$

⑥ $8.3 − 0.3$ ⑦ $7.5 − 5$

⑦は, 7.5 − 5 = 7.5 − 5.0 と考えるといいね！

ポイント 小数を「整数部分」と「小数部分」に分けて考え, それぞれをひき算します。

④ 小数のひき算の筆算
きほんのワーク

答え 9ページ

やってみよう

⭐ 3.9 − 1.7 の計算をしましょう。

とき方 ここでは，筆算で計算します。

```
   3.9          3.9          3.9
 − 1.7    ➡   − 1.7    ➡   − 1.7
              ┌─┐┌─┐         2.□2
```

位をたてに
そろえて書く。

整数のひき算
と同じように
計算する。

上の小数点に
そろえて，
答えの小数点
をうつ。

たいせつ🔒
位をそろえて書いてか
ら，計算をします。
筆算では，小数点のい
ちをそろえます。

答え ［　　　　］

① 計算をしましょう。

①
```
   6.2
 − 3.7
   2□5
```

②
```
   5.7
 − 4.8
   □□9
```

③
```
  14.0
 −  0.6
  □□□4
```

整数部分に 0
と書くのをわ
すれないよう
にしよう。

② 計算をしましょう。

①
```
   5.9
 − 2.4
```

②
```
   4.8
 − 2.5
```

③
```
   6.2
 − 2.8
```

④
```
   9.5
 − 6.8
```

⑤
```
   7.3
 − 5.7
```

⑥
```
   6.5
 − 3.6
```

⑦
```
   9.6
 − 7.8
```

⑧
```
   8.7
 − 2.9
```

⑨
```
   9.1
 − 6
```

⑩
```
   8
 − 3.7
```

⑪
```
   6
 − 4.2
```

⑫
```
   3
 − 2.8
```

ポイント 整数と小数のひき算のときは整数に「.0」をつけて考えます。

63

まとめのテスト❶

答え 10ページ

時間 20分

とく点 　/100点

1 計算をしましょう。　1つ5〔20点〕

① 2.6＋1.2

② 2.8＋0.2

③ 4.6－1.4

④ 3.8－2.7

2  計算をしましょう。　1つ4〔32点〕

①
```
   5.3
 ＋ 7.6
```

②
```
   1.6
 ＋ 0.4
```

③
```
   8
 ＋ 5.1
```

④
```
   6.9
 ＋ 5.3
```

⑤
```
   7.8
 － 0.5
```

⑥
```
   8.7
 － 4.7
```

⑦
```
   1 0
 －  2.4
```

⑧
```
   1 2.4
 －   9.5
```

3 計算をしましょう。　1つ4〔48点〕

① 1.2＋4.7

② 8.6＋6.2

③ 8＋2.4

④ 7.5＋9.6

⑤ 6＋9.2

⑥ 5.9＋3.1

⑦ 5.8－4.5

⑧ 6.4－2.9

⑨ 9－2.3

⑩ 10－0.1

⑪ 4.5－0.8

⑫ 7.1－6.7

チェック
□ 小数のたし算の筆算ができたかな？
□ 小数のひき算の筆算ができたかな？

まとめのテスト❷

 時間 **20**分

答え 10ページ

 とく点 ／100点

1 よく出る 計算をしましょう。　　　　　　　　　　　　　　　　1つ5〔40点〕

❶
```
    9.7
 + 4.5
```

❷
```
    2.7
 + 7.3
```

❸
```
   1 0.4
 +   4.6
```

❹
```
    3.7
 + 1 2.4
```

❺
```
    4.6
 - 0.4
```

❻
```
    2
 - 0.1
```

❼
```
   1 6.2
 -   8.2
```

❽
```
   1 7.3
 -   6.3
```

2 計算をしましょう。　　　　　　　　　　　　　　　　　　　1つ4〔60点〕

❶ 1.3＋0.9

❷ 5.4＋4.9

❸ 6.9＋9

❹ 8.9－5.4

❺ 10－3.3

❻ 7.2－4.3

❼ 12.5＋7.5

❽ 6.6＋19.4

❾ 17.7＋11.3

❿ 11.1－5.8

⓫ 16.3－8.9

⓬ 4.3－3.7

⓭ 18.5－17.6

⓮ 15－0.5

⓯ 14－13.7

□ くり上がりのある小数のたし算ができたかな？
□ くり下がりのある小数のひき算ができたかな？

① 分数の表し方
きほんのワーク

答え 10ページ

やってみよう

☆ 下の図の水のかさは，それぞれ何 L ですか。

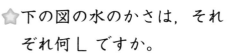
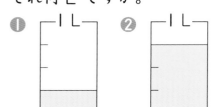

とき方 ❶ 1 L を 4 等分した 1 こ分のかさだから，「四分の一（よんぶんのいち）」L で， □ L と書きます。

❷ 1 L を 4 等分した 3 こ分のかさだから，

「四分の三（よんぶんのさん）」L で，

□ L と書きます。

答え

❶ □ L

❷ □ L

たいせつ

1 を 3 等分した 1 こ分を「三分の一（さんぶんのいち）」といい，$\frac{1}{3}$ と書きます。

〈$\frac{1}{3}$ の書き方〉

— → $\frac{}{3}$ → $\frac{1}{3}$

①横線を書く。②3 を書く。③1 を書く。

---

1 下の図で，色をぬったところの長さやかさを，分数で表しましょう。

❶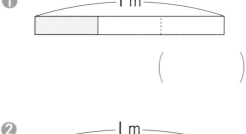

（　　　）

❷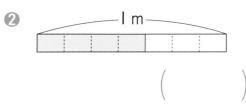

（　　　）

❸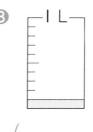

（　　　）

❹

（　　　）

1 を何等分しているかな？

---

2 次の長さやかさの分だけ，色をぬりましょう。

❶ $\frac{2}{5}$ m

❷ $\frac{3}{8}$ m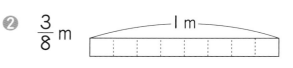

❸ $\frac{2}{3}$ L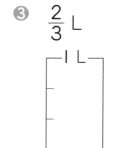

❹ $\frac{3}{7}$ L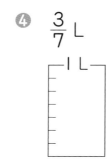

66

ポイント $\frac{1}{3}$，$\frac{2}{5}$ のような数を「分数」といいます。$\frac{2}{5}$ は「五分の二」とよみます。

② 分数のしくみ
きほんのワーク

答え 10ページ

やってみよう

☆ $\frac{1}{5}$ m の 4 こ分の長さは，何 m ですか。

とき方　1 m を 5 等分した長さを図に表すと，下のようになります。

─ 1 m ─

1 こ分の長さなので，$\frac{1}{5}$ m です。

2 こ分の長さなので，□ m です。

3 こ分の長さなので，□ m です。

4 こ分の長さなので，□ m です。

たいせつ 🔒

$\frac{1}{5}$　…… 「分子」　等分したもののいくつ分かを表す数。
　　…… 「分母」　何等分したかを表す数。

答え □ m

1 □にあてはまる数を書きましょう。

① $\frac{1}{8}$ dL の 5 こ分のかさは，□ dL です。

② $\frac{1}{3}$ L の 2 こ分のかさは，□ L です。

③ $\frac{1}{4}$ m の 7 こ分の長さは，□ m です。

④ $\frac{1}{7}$ cm の 4 こ分の長さは，□ cm です。

⑤ $\frac{1}{9}$ m の 9 こ分の長さを分数で書くと □ m，整数で書くと □ m です。

⑥ $\frac{5}{6}$ dL は，$\frac{1}{6}$ dL の □ こ分のかさです。

⑦ $\frac{4}{10}$ m は，$\frac{1}{10}$ m の □ こ分の長さです。

分母の数，分子の数には，どんな意味があったかな？

ポイント　分数を「$\frac{■}{●}$」と表すと，●が分母，■が分子です。また，「1 を●等分した■こ分」という意味があります。

③ 分数の大小 (1)
きほんのワーク

答え 10ページ

☆ $\frac{4}{5}$ と $\frac{2}{5}$ では，どちらがどれだけ大きいですか。

とき方 図をかいて考えます。

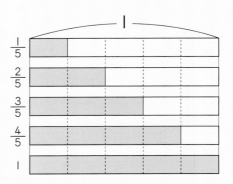

$\frac{4}{5}$ は，$\frac{1}{5}$ の □ こ分です。

$\frac{2}{5}$ は，$\frac{1}{5}$ の □ こ分です。

$\frac{4}{5}$ は，$\frac{2}{5}$ より $\frac{1}{5}$ の □ こ分大きい数です。

たいせつ
$\frac{4}{5}$ と $\frac{2}{5}$ のように，分母が同じ分数では，分子をくらべることで，どちらが大きい数かわかります。

答え □ が □ だけ大きい。

1 □にあてはまる不等号を書きましょう。

① $\frac{5}{7}$ □ $\frac{4}{7}$

② $\frac{7}{8}$ □ $\frac{2}{8}$

③ $\frac{5}{6}$ □ $\frac{4}{6}$

④ $\frac{4}{9}$ □ $\frac{7}{9}$

⑤ $\frac{1}{4}$ □ $\frac{3}{4}$

⑥ $\frac{5}{10}$ □ $\frac{3}{10}$

⑦ $\frac{2}{7}$ □ $\frac{3}{7}$

⑧ $\frac{3}{5}$ □ $\frac{4}{5}$

分母が同じときは，分子が大きいほうが，大きい数になるね。

2 2つの分数の大きさをくらべて，どちらがどれだけ大きいか答えましょう。

① $\frac{2}{3}$ と $\frac{1}{3}$

② $\frac{7}{10}$ と $\frac{1}{10}$

( ) が
( ) だけ大きい。

( ) が
( ) だけ大きい。

ポイント 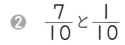 $\frac{4}{5}$ と $\frac{2}{5}$ のように，分母が同じ分数では，分子の数が大きいほうが大きい数といえます。

④ 分数の大小 (2)
きほんのワーク

答え 11ページ

やってみよう

⭐ $\frac{3}{6}$ と 1 では，どちらがどれだけ大きいですか。

とき方　図をかいて考えます。

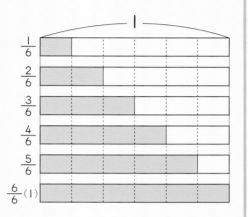

$\frac{3}{6}$ は，$\frac{1}{6}$ の 3 こ分です。

1 は $\frac{6}{6}$ のことだから，$\frac{1}{6}$ の □ こ分です。

1 は，$\frac{3}{6}$ より $\frac{1}{6}$ の □ こ分大きい数です。

答え □ が □ だけ大きい。

たいせつ 🔒

1 は，$\frac{6}{6}$ のように，分母の数と分子の数が同じ分数として表すことができます。

1 2 つの数の大きさをくらべて，どちらがどれだけ大きいか答えましょう。

① $\frac{1}{4}$ と 1

（　　　　　）が
（　　　　　）だけ大きい。

② $\frac{2}{5}$ と 1

（　　　　　）が
（　　　　　）だけ大きい。

1 を分数で表してみればいいのね。

2 3 つの数の大きさをくらべて，小さいじゅんに数を書きましょう。

① $\frac{2}{3}$, 1, $\frac{1}{3}$

（　　　　　　　　　）

② 1, $\frac{4}{10}$, $\frac{7}{10}$

（　　　　　　　　　）

③ $\frac{7}{8}$, 1, $\frac{3}{8}$

（　　　　　　　　　）

④ 1, $\frac{8}{9}$, $\frac{2}{9}$

（　　　　　　　　　）

ポイント $\frac{5}{5}$ や $\frac{7}{7}$ のように，分母と分子が同じ分数は，1 になります。

⑤ 分数のたし算
きほんのワーク

答え 11ページ

やってみよう

☆ $\frac{3}{5} + \frac{1}{5}$ の計算をしましょう。

とき方

 ＋ 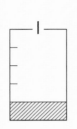 ➡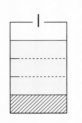

$\frac{1}{5}$ の □ こ分　　　$\frac{1}{5}$ の □ こ分　　　あわせて $\frac{1}{5}$ の □ こ分

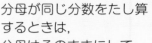
分母が同じ分数をたし算
するときは,
分母はそのままにして,
分子どうしをたします。

答え

□

---

1 □にあてはまる数を書きましょう。

① $\frac{2}{7} + \frac{4}{7} = \frac{□}{7}$　　② $\frac{2}{5} + \frac{1}{5} = \frac{□}{5}$

どれも, 分母が
同じ分数のたし
算だね。

③ $\frac{3}{8} + \frac{2}{8} = □$　　④ $\frac{3}{10} + \frac{5}{10} = □$

⑤ $\frac{4}{6} + \frac{1}{6} = □$　　⑥ $\frac{1}{4} + \frac{2}{4} = □$

---

2 □にあてはまる数を書きましょう。

① $\frac{5}{9} + \frac{4}{9} = \frac{□}{9} = □$　　② $\frac{4}{6} + \frac{2}{6} = \frac{□}{6} = □$

③ $\frac{1}{2} + \frac{1}{2} = □$　　④ $\frac{7}{10} + \frac{3}{10} = □$

ポイント　分母が同じ分数のたし算は,
右のようにすることができます。　$\frac{■}{●} + \frac{▲}{●} = \frac{■+▲}{●}$

⑥ 分数のひき算
きほんのワーク

答え 11ページ

☆ $\dfrac{6}{7} - \dfrac{4}{7}$ の計算をしましょう。

とき方

分母が同じ分数をひき算するときは、分母はそのままにして、分子どうしをひきます。

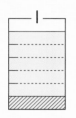 −  ➡

$\dfrac{1}{7}$ の □ こ分　　$\dfrac{1}{7}$ の □ こ分　　ちがいは $\dfrac{1}{7}$ の □ こ分

答え □

1 □にあてはまる数を書きましょう。

① $\dfrac{5}{9} - \dfrac{3}{9} = \dfrac{□}{9}$

② $\dfrac{4}{6} - \dfrac{2}{6} = \dfrac{□}{6}$

③ $\dfrac{4}{5} - \dfrac{1}{5} = $ □

④ $\dfrac{2}{3} - \dfrac{1}{3} = $ □

⑤ $\dfrac{5}{10} - \dfrac{3}{10} = $ □

⑥ $\dfrac{6}{8} - \dfrac{1}{8} = $ □

2 □にあてはまる数を書きましょう。

① $1 - \dfrac{5}{8} = \dfrac{□}{8} - \dfrac{5}{8} = $ □

② $1 - \dfrac{4}{5} = \dfrac{□}{5} - \dfrac{4}{5} = $ □

1は分数になおしてから計算するんだね。

③ $1 - \dfrac{1}{7} = $ □

④ $1 - \dfrac{2}{4} = $ □

ポイント 分母が同じ分数のひき算は、右のようにすることができます。 $\dfrac{■}{●} - \dfrac{▲}{●} = \dfrac{■-▲}{●}$

71

まとめのテスト❶

答え 11ページ

時間 **20**分

とく点 ／100点

1 下の図で, 色をぬったところのかさや長さを分数で表しましょう。　1つ5〔20点〕

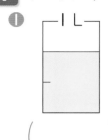
❶ | 1 L
（　　　　　）

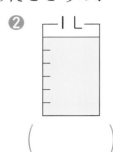
❷ | 1 L
（　　　　　）

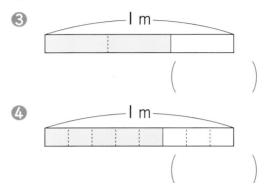
❸ | 1 m
（　　　　　）

❹ | 1 m
（　　　　　）

2 □にあてはまる数を書きましょう。　1つ5〔10点〕

❶ $\dfrac{1}{9}$ dL の 5 こ分のかさは, □ dL です。

❷ $\dfrac{1}{5}$ cm の 3 こ分の長さは, □ cm です。

3 2 つの分数の大きさをくらべて, 大きいほうを答えましょう。　1つ5〔10点〕

❶ $\dfrac{2}{9}$ と $\dfrac{5}{9}$ （　　　　　）

❷ $\dfrac{7}{8}$ と $\dfrac{5}{8}$ （　　　　　）

4 3 つの数の大きさをくらべて, 小さいじゅんに数を書きましょう。　1つ6〔12点〕

❶ 1, $\dfrac{2}{7}$, $\dfrac{6}{7}$
（　　　　　　　　　）

❷ $\dfrac{1}{10}$, 1, $\dfrac{5}{10}$
（　　　　　　　　　）

5 よく出る 計算をしましょう。　1つ6〔48点〕

❶ $\dfrac{1}{7}+\dfrac{4}{7}$

❷ $\dfrac{2}{4}+\dfrac{1}{4}$

❸ $\dfrac{4}{9}+\dfrac{5}{9}$

❹ $\dfrac{1}{3}+\dfrac{2}{3}$

❺ $\dfrac{7}{8}-\dfrac{6}{8}$

❻ $\dfrac{5}{6}-\dfrac{2}{6}$

❼ $1-\dfrac{1}{2}$

❽ $1-\dfrac{3}{10}$

チェック ☑
□ 分数の表し方がわかったかな？
□ 分数の大小がわかったかな？

まとめのテスト❷

答え **11ページ**

時間 **20** 分

とく点　/100点

1 次のかさや長さの分だけ，色をぬりましょう。　　　　　　　　1つ5〔20点〕

❶　$\dfrac{2}{4}$ L

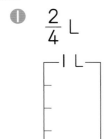

❷　$\dfrac{7}{10}$ L

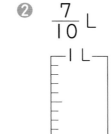

❸　$\dfrac{1}{6}$ m

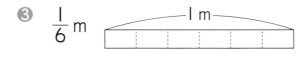

❹　$\dfrac{4}{5}$ m

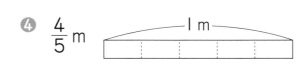

2 □にあてはまる数を書きましょう。　　　　　　　　　　　　1つ5〔10点〕

❶　$\dfrac{1}{4}$ m の 3 こ分の長さは □ m です。

❷　$\dfrac{1}{6}$ L の 4 こ分のかさは □ L です。

3 □にあてはまる等号や不等号を書きましょう。　　　　　　　1つ4〔12点〕

❶　$\dfrac{5}{6}$ □ $\dfrac{2}{6}$　　　❷　1 □ $\dfrac{10}{10}$　　　❸　$\dfrac{1}{9}$ □ $\dfrac{5}{9}$

4 4 つの数の大きさをくらべて，大きいじゅんに書きましょう。　1つ5〔10点〕

❶　$\dfrac{4}{5}$, $\dfrac{1}{5}$, $\dfrac{3}{5}$, 1　　　　　　　（　　　　　　　　　）

❷　$\dfrac{6}{8}$, 1, $\dfrac{1}{8}$, $\dfrac{3}{8}$　　　　　　　（　　　　　　　　　）

5 よく出る 計算をしましょう。　　　　　　　　　　　　　　1つ6〔48点〕

❶　$\dfrac{3}{7} + \dfrac{2}{7}$　　　　　　　　　　❷　$\dfrac{9}{10} - \dfrac{6}{10}$

❸　$\dfrac{1}{8} + \dfrac{5}{8}$　　　　　　　　　　❹　$\dfrac{4}{6} - \dfrac{1}{6}$

❺　$\dfrac{2}{3} + \dfrac{1}{3}$　　　　　　　　　　❻　$1 - \dfrac{4}{9}$

❼　$\dfrac{2}{5} + \dfrac{3}{5}$　　　　　　　　　　❽　$1 - \dfrac{1}{4}$

チェック✔　□ 分数のたし算ができたかな？
　　　　　　□ 分数のひき算ができたかな？

① 何十，何百をかける計算
きほんのワーク

答え 12ページ

やってみよう

☆計算をしましょう。 ❶ 3×20 ❷ 30×20

とき方 ❶ 3×20＝3×(2×10) ……… 20 を 2×10 と考える。

$= (3× \boxed{}) ×10$ …… かけ算のじゅんばんをかえても，答えはかわらない。

$= \boxed{} ×10 = \boxed{}$ … 3×20 の答えは，3×2 の 10倍

❷ 30×20＝(3×10)×(2×10) ……… 30 を 3×10，20 を 2×10 と考える。

$= (3×2)×(10×10)$ ……… かけ算のじゅんばんをかえても，答えはかわらない。

$= \boxed{} ×100 = \boxed{}$

答え ❶ $\boxed{}$ ❷ $\boxed{}$

たいせつ🔒

かける数が 10 倍になると，答えも 10 倍になり，もとの数の右に 0 を 1 こつけた数になります。

1 □にあてはまる数を書きましょう。

❶ $2×60＝2×(6×10)＝(2× \boxed{})×10＝\boxed{}$

❷ $40×50＝40×(5×10)＝(40× \boxed{})×10＝\boxed{}$

❸ $3×90＝\boxed{}$

❹ $82×50＝\boxed{}$

2 □にあてはまる数を書きましょう。

$4×200＝4×(2×100)$

$= (4× \boxed{})×100$

$= \boxed{} ×100 = \boxed{}$

数を 100 倍すると，もとの数の右に 0 を 2 こつけた数になるのね。

3 □にあてはまる数を書きましょう。

❶ $5×300＝5×(3×100)＝(5× \boxed{})×100＝\boxed{}$

❷ $35×200＝35×(2×100)＝(35× \boxed{})×100＝\boxed{}$

❸ $2×700＝\boxed{}$

❹ $18×500＝\boxed{}$

ポイント かけ算のきまりを使って，□×10，□×100 などの形になおします。

② （2けた）×（2けた）の計算

きほんのワーク

答え 12ページ

やってみよう

⭐ 32×14 の計算をしましょう。

とき方 筆算（ひっさん）で計算します。

```
    3 2
  ×   1 4
  □ □ □  …32×4
```
位（くらい）をたてにそろえて
書いて，
32×4 を計算する。

➡

```
    3 2
  ×   1 4
  1 2 8  …32×4
  □ □ 0  …32×10
```
32×10 を計算する。
このとき，
32×10＝320 となるが，
320 の 0 は書かない。

➡

```
    3 2
  ×   1 4
  1 2 8  …32×4
  3 2    …32×10
  □ □ □  …32×4+32×10
```
32×4 と
32×10 の答えをたす。

たいせつ 🔒
位をたてにそろえ，ていねいに計算をします。

答え □

1 計算をしましょう。

①
```
    2 4
  × 3 2
    4 8
  □ 2
  □ □ 8
```

②
```
    1 7
  × 6 1
    □ □
  □ □ 2
  □ □ □
```

③
```
    4 8
  × 5 3
    □ □ 4
  □ □ □
  □ □ □ □
```

2 計算をしましょう。

①
```
    2 7
  × 1 2
```

②
```
    5 9
  × 3 8
```

③
```
    4 1
  × 5 7
```

④
```
    8 4
  × 4 9
```

⑤
```
    2 8
  × 1 3
```

⑥
```
    6 3
  × 4 5
```

⑦
```
    7 5
  × 7 6
```

⑧
```
    9 2
  × 8 4
```

ポイント 位をたてにそろえて書いて，筆算で計算します。くり上がりをわすれないように気をつけます。

③ （2けた）×（何十）の計算
きほんのワーク

答え 12ページ

⭐ 57×30 の計算をしましょう。

やってみよう

とき方 筆算は，次のようになります。

```
    5 7
  × 3 0
    0 0   …57×0
  1 7 1   …57×30
  □ □ □ □ …57×0+57×30
```

まずは，（2けた）×（2けた）と
同じように，筆算をする。

このように
計算できる。 ⟹

```
    5 7
  × 3 0
  □ □ □ 0 …57×30
```
↑
0 をわすれな
いようにする。

ふつう，00 の部分は書かずに，
しょうりゃくすることができる。

⚡ちゅうい

57×30=（57×3）×10=171×10 です。57×30 の答えは，
57×3 の答え 171 の 10 倍だから，171 の右に 0 を 1 こつけます。

答え [　　　]

1 計算をしましょう

❶
```
    4 3
  × 2 0
  □ □ 0
```

❷
```
    7 3
  × 6 0
  □ □ 8 □
```

❸
```
    8 7
  × 4 0
  □ □ □ □
```

❶ 43×20＝
（43×2）×10
だから，
筆算は，上の
計算のしかた
を表している
んだね。

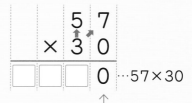

2 計算をしましょう。

❶
```
  2 1
× 3 0
```

❷
```
  1 2
× 9 0
```

❸
```
  4 4
× 5 0
```

❹
```
  5 9
× 7 0
```

❺
```
  6 7
× 2 0
```

❻
```
  9 2
× 4 0
```

❼
```
  8 5
× 6 0
```

❽
```
  7 8
× 8 0
```

ポイント ×20，×30，……などの計算を筆算でするときは，
答えの一の位に，まず 0 を書くことをわすれないようにします。

④ （3けた）×（2けた）の計算
きほんのワーク

答え 12ページ

☆計算をしましょう。　❶ 267×34　❷ 372×40

とき方　筆算で計算します。

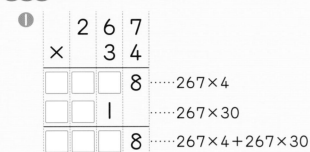

❶
```
      2 6 7
   ×    3 4
  □ □ □ 8 ……267×4
  □ □ 1   ……267×30
  □ □ □ 8 ……267×4+267×30
```

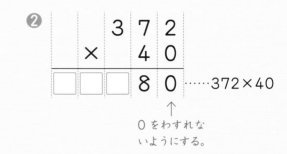

❷
```
      3 7 2
   ×    4 0
  □ □ □ 8 0 ……372×40
          ↑
       0をわすれな
       いようにする。
```

さんこう 🐱

```
   1 2 3
 ×   3 2
   2 4 6
 3 6 9
 3 9 3 6
```
計算の答えの一の位は、かける数の下に書きます。
たとえば、左の筆算では、
123×2の答えの246は、6を2の下に書く。
123×3の答えの369は、9を3の下に書く。

答え

❶ □

❷ □

---

1 計算をしましょう。

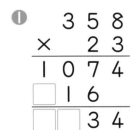

❶
```
    3 5 8
 ×    2 3
  1 0 7 4
  □ 1 6
  □ □ 3 4
```

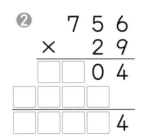

❷
```
    7 5 6
 ×    2 9
  □ □ 0 4
  □ □ □
  □ □ □ □ 4
```

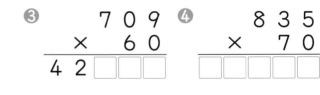

❸
```
    7 0 9
 ×    6 0
 4 2 □ □ □
```

❹
```
    8 3 5
 ×    7 0
 □ □ □ □ □
```

2 計算をしましょう。

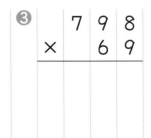

❶
```
    2 8 2
 ×    3 6
```

❷
```
    7 4 3
 ×    5 4
```

❸
```
    7 9 8
 ×    6 9
```

❹
```
    5 2 3
 ×    7 3
```

❺
```
    2 8 4
 ×    3 0
```

❻
```
    4 6 3
 ×    2 0
```

❼
```
    7 5 3
 ×    5 0
```

❽
```
    4 8 9
 ×    9 0
```

ポイント　（3けた）×（2けた）になっても筆算のしかたは同じです。
くり上がりや、数を書くいちに気をつけながら、ひとつひとつていねいに計算をします。

77

⑤ 暗算

きほんのワーク

答え 12ページ

☆ 暗算でしましょう。　❶ 24×3　❷ 240×3

とき方 ❶ かけられる数の 24 を, 20 と 4 に分けて考えます。

24×3
／＼
20　4

20×3＝ ☐
4×3＝ ☐
あわせて ☐

❷ 24×3 の暗算をもとに考えます。かけられる数の 240 は 24 の 10倍なので, 答えも 10倍になります。

24×3＝ ☐
　↓10倍　　↓10倍
240×3＝ ☐

答え
❶ ☐
❷ ☐

1 次の計算の暗算のしかたを考えます。☐にあてはまる数を書きましょう。

❶ 47×2

かけられる数の 47 を, 40 と ☐ に分けて考えます。

40 ×2＝ ☐
☐ ×2＝ ☐
あわせて ☐

❷ 160×3

16×3 を暗算すると ☐ です。かけられる数の 160 は 16 の 10倍なので, 答えも 10倍の ☐ になります。

2 暗算でしましょう。

❶ 18×4　　❷ 26×3　　❸ 36×2

❹ 140×5　　❺ 210×3　　❻ 420×2

❼ 13×40　　❽ 45×20　　❾ 32×30

ポイント かけられる数やかける数が 10倍になると, 答えも 10倍になります。

まとめのテスト

時間 **20** 分

答え 12ページ

とく点

／100点

1 計算をしましょう。　　　　　　　　　　　　　　　　　1つ4〔24点〕

❶ 7×50　　　　❷ 9×60　　　　❸ 41×30

❹ 6×400　　　❺ 12×200　　　❻ 95×800

2 よく出る 計算をしましょう。　　　　　　　　　　　　1つ4〔32点〕

❶
```
   5 4
 × 1 2
```

❷
```
   6 2
 × 3 5
```

❸
```
   8 8
 × 4 3
```

❹
```
      6
 × 5 4
```

❺
```
   2 8
 × 6 0
```

❻
```
   5 0 6
 ×    3 0
```

❼
```
   9 2 7
 ×    8 7
```

❽
```
   7 8 3
 ×    3 4
```

3 計算をしましょう。　　　　　　　　　　　　　　　　　1つ4〔24点〕

❶ 596×14　　　❷ 722×45　　　❸ 380×52

❹ 217×60　　　❺ 425×28　　　❻ 806×34

4 暗算でしましょう。　　　　　　　　　　　　　　　　　1つ5〔20点〕

❶ 49×2　　　　　　　　　❷ 17×4

❸ 120×6　　　　　　　　❹ 29×30

チェック　□（2けた）×（2けた）の計算ができたかな？
　　　　　□暗算でかけ算ができたかな？

勉強した日　月　日

まとめのテスト❶

答え 13ページ

時間 20分

とく点 /100点

1 □にあてはまる数を書きましょう。　1つ4〔20点〕

❶ 7×8＝8×□

❷ (7×2)×4＝7×(□×4)

❸ 4×8＋4＝4×□

❹ 6×0＝□

❺ 5×10＝□

2 よく出る 計算をしましょう。　1つ5〔40点〕

❶ 　　１２
　×　　３

❷ 　　３２
　×　　３

❸ 　　１２４
　×　　　２

❹ 　　６１０
　×　　　９

❺ 　　１９
　×　　３

❻ 　　１７
　×　　５

❼ 　　４２８
　×　　　５

❽ 　　３１６
　×　　　６

3 よく出る 計算をしましょう。　1つ5〔40点〕

❶ 　　６５
　×３２

❷ 　　９８
　×４０

❸ 　　１７８
　×　５２

❹ 　　２４９
　×　６７

❺ 　　７１８
　×　２９

❻ 　　５４３
　×　７０

❼ 　　４２５
　×　６０

❽ 　　３０７
　×　４０

チェック ☑ □ (2けた)×(1けた) の計算ができたかな？
□ (2けた または 3けた)×(2けた) の計算ができたかな？

まとめのテスト❷

答え 13ページ

時間 20分

とく点 /100点

勉強した日　月　日

1 □にあてはまる数を書きましょう。　1つ4〔20点〕

① 5×□=7×5

② (9×7)×7=□×(7×7)

③ 9×7−9=9×□

④ 13×20=□

⑤ 300×4=□

2 よく出る 計算をしましょう。　1つ5〔60点〕

①
```
  1 1
×   5
```

②
```
  3 9
×   2
```

③
```
  3 0 1
×     4
```

④
```
  6 0 3
×     7
```

⑤
```
  5 1 3
×     7
```

⑥
```
  4 5 9
×     6
```

⑦
```
  4 1
× 4 0
```

⑧
```
  1 9
× 7 0
```

⑨
```
  5 2
× 4 2
```

⑩
```
  2 7
× 1 3
```

⑪
```
  4 2 1
×   4 1
```

⑫
```
  8 2 2
×   5 0
```

3 計算をしましょう。　1つ5〔20点〕

①
```
  2 3 4 3
×       2
```

②
```
  1 9 2 7
×       3
```

③
```
  4 0 3 7
×       6
```

④
```
  9 2 6 8
×       5
```

チェック ☑ □（3けた）×（2けた）の計算ができたかな？
□（4けた）×（1けた）の計算ができたかな？

81

① グラム・キログラム・トン

きほんのワーク

答え 13ページ

☆ □にあてはまる数をもとめましょう。

❶ 右のはかりのはりがさしている重さは,
　□ g＝□ kg □ g です。

❷ 2 kg 500 g＝□ g

とき方 ❶ はかりのいちばん小さい 1 めもりは □ g です。

❷ 1 kg＝□ g なので, 2 kg＝□ g

たいせつ 🔒
g は「グラム」,
kg は「キログラム」,
t は「トン」とよみます。
1 kg＝1000 g
1 t＝1000 kg

答え ❶ □ g＝□ kg □ g

❷ □ g

1 はりがさしている重さを答えましょう。

❶

□ g

❷

□ g
＝□ kg □ g

❸

□ g
＝□ kg □ g

2 □にあてはまる数を書きましょう。

❶ 7000 g＝□ kg

❷ 4 kg＝□ g

❸ 4500 g＝4 kg □ g

❹ 1900 g＝□ kg □ g

❺ 7 kg 200 g＝□ g

❻ 3 kg 600 g＝□ g

❼ 3 t＝□ kg

❽ 5000 kg＝□ t

ポイント 1 kg＝1000 g, 1 t＝1000 kg です。

② 重さのたし算
きほんのワーク

答え 13ページ

★ □にあてはまる数をもとめましょう。
❶ 800g＋400g＝□kg□g
❷ 1kg500g＋600g＝□kg□g

とき方 ❶ 800g＋400g＝□□□□g＝□kg□□□g

❷ 1kg500g＋600g＝1kg□□□g

＝□kg□□□g

たいせつ 🔒
同じたんいで表された重さは，たし算ができます。

答え ❶ □kg□□□g ❷ □kg□□□g

1 □にあてはまる数を書きましょう。

❶ 3kg600g＋200g＝□kg□□□g

❷ 1kg200g＋800g＝1kg□□□g＝□kg

❸ 900kg＋100kg＝□□□kg＝□t

2 計算をしましょう。

❶ 600g＋800g＝□kg□□□g

❷ 400g＋1kg200g＝□kg□□□g

❸ 2kg100g＋900g＝□kg

❹ 1kg300g＋800g＝□kg□□□g

❺ 1kg700g＋2kg900g＝□kg□□□g

❻ 3kg600g＋4kg600g＝□kg□□□g

❼ 400kg＋600kg＝□t ❽ 3t＋2t＝□t

ポイント 計算をする前に，たんいがそろっているかをたしかめて，たし算をします。

③ 重さのひき算
きほんのワーク

答え 13ページ

やってみよう

☆□にあてはまる数をもとめましょう。

❶ 1 kg 400 g − 600 g ＝ □ g

❷ 3 kg 200 g − 1 kg 700 g ＝ □ kg □ g

とき方 ❶ 1 kg 400 g − 600 g ＝ 　　　　 g − 600 g ＝ 　　　　 g

❷ 3 kg 200 g − 1 kg 700 g ＝ 2 kg 　　　　 g − 1 kg 700 g

＝ 　　　 kg 　　　 g

たいせつ 🔒
同じたんいで表された重さ
は，ひき算ができます。

答え ❶ 　　　 g　　❷ 　　　 kg 　　　 g

1 □にあてはまる数を書きましょう。

❶ 1 kg − 600 g ＝ 　　　　 g − 600 g ＝ 　　　　 g

❷ 2 kg 400 g − 1 kg 800 g ＝ 1 kg 　　　　 g − 1 kg 800 g ＝ 　　　　 g

❸ 1 t − 900 kg ＝ 　　　　 kg − 900 kg ＝ 　　　　 kg

2 計算をしましょう。

❶ 800 g − 200 g ＝ 　　　　 g

❷ 1 kg 300 g − 500 g ＝ 　　　　 g

❸ 2 kg 500 g − 900 g ＝ 　　 kg 　　　 g

❹ 10 kg − 2 kg 600 g ＝ 　　 kg 　　　 g

❺ 3 kg 400 g − 1 kg 800 g ＝ 　　 kg 　　　 g

❻ 900 kg − 430 kg ＝ 　　　　 kg

❼ 1 t − 200 kg ＝ 　　　　 kg

❽ 3 t − 1 t ＝ 　　　 t

同じたんいどうして
計算できないときは，
1 kg＝1000 g や
1 t＝1000 kg を
り用すればいいんだね。

ポイント 計算をする前に，たんいがそろっているかをたしかめて，ひき算をします。

まとめのテスト

時間 **20** 分

とく点 ／100点

答え 14ページ

1 よく出る はりのさしている重さを答えましょう。　　1つ5〔20点〕

①  ☐ g

②  ☐ g

③  ☐ kg ☐ g

④  ☐ kg ☐ g

2 よく出る ☐にあてはまる数を書きましょう。　　1つ5〔30点〕

① 9000g= ☐ kg

② 3kg= ☐ g

③ 4800g= ☐ kg ☐ g

④ 6kg500g= ☐ g

⑤ 1000kg= ☐ t

⑥ 2t= ☐ kg

3 計算をしましょう。　　1つ5〔50点〕

① 600g+900g= ☐ kg ☐ g

② 200kg+800kg= ☐ t

③ 950g−150g= ☐ g

④ 1t−400kg= ☐ kg

⑤ 2kg550g+150g= ☐ kg ☐ g

⑥ 3kg200g+4kg800g= ☐ kg

⑦ 1kg200g+5kg900g= ☐ kg ☐ g

⑧ 6kg700g−6kg400g= ☐ g

⑨ 5kg500g−800g= ☐ kg ☐ g

⑩ 3kg600g−1kg900g= ☐ kg ☐ g

チェック ☑
☐ 重さのたんいの関係が理かいできたかな？
☐ 重さのたし算・ひき算ができたかな？

① 小数と分数
きほんのワーク

答え 14ページ

やってみよう

☆右の図の水のかさは，何L ですか。小数と分数で答えましょう。

とき方 この 1L ますには，1L を 10 等分しためもりがついているので，0.1L（$\frac{1}{10}$ L）の □ こ分のかさの水があるとわかります。1L を 10 等分した 3 こ分のかさは，小数では □ L，分数では □ L と表すことができます。

答え 小数 □ L　　分数 □ L

たいせつ 🔒
1 を 10 等分した 1 こ分は，小数では「0.1」，分数では「$\frac{1}{10}$」です。　$0.1 = \frac{1}{10}$

---

1 下の図で，色をぬったところの水のかさは，何L ですか。小数と分数で答えましょう。

❶　小数 （　　　　　）

　　分数 （　　　　　）

❷　小数 （　　　　　）

　　分数 （　　　　　）

---

2 下の数直線で，□にあてはまる数を，⑦と④は分数で，⑨と④は小数で書きましょう。

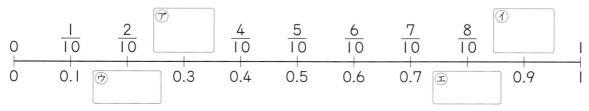

---

3 □にあてはまる等号や不等号を書きましょう。

❶　$\frac{5}{10}$ □ 0.3

❷　0.2 □ $\frac{9}{10}$

❸　$\frac{4}{10}$ □ 1.4

❹　0.7 □ $\frac{7}{10}$

1＜3，3＞1，1＝1，3＝3 のように，等号，不等号は大小の関係を表す記号だったね。

ポイント　1 を 10 等分した何こ分なのかを考えれば，小数と分数の大きさをくらべることができます。

まとめのテスト

時間 20分

とく点 /100点

答え 14ページ

1 よく出る 下の図で，色をぬったところの水のかさは，何 L ですか。小数と分数で答えましょう。
1つ5〔20点〕

❶ 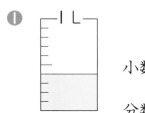 小数 ( )

分数 ( )

❷  小数 ( )

分数 ( )

2 □ にあてはまる数を書きましょう。
1つ5〔30点〕

❶ $\frac{1}{10}$ は，1 を □ 等分した 1 こ分の数で，小数で表すと □ になります。

❷ 0.7 は，0.1 の □ こ分の数で，これを分母が 10 の分数で表すと □ になります。

❸ $\frac{2}{10}$ は，$\frac{1}{10}$ の □ こ分の大きさです。また，$\frac{2}{10}$ は，0.1 の □ こ分の大きさです。

3 下の数直線上で，□ にあてはまる数を，⑦と④は分数で，⑨と①は小数で書きましょう。
1つ5〔20点〕

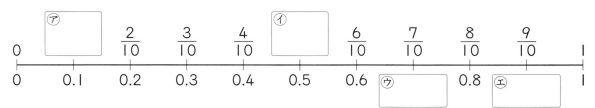

4 よく出る □ にあてはまる等号や不等号を書きましょう。
1つ5〔15点〕

❶ $\frac{2}{10}$ □ 0.2

❷ 0.5 □ $\frac{7}{10}$

❸ 1.2 □ $\frac{10}{10}$

5 3 つの数の大きさをくらべて，小さいじゅんに書きましょう。
1つ5〔15点〕

❶ 1.1, $\frac{9}{10}$, $\frac{1}{10}$

❷ $\frac{4}{10}$, $\frac{8}{10}$, 0.3

❸ $\frac{1}{10}$, 1, 0.5

(   ) (   ) (   )

 □ 0.1 ＝ $\frac{1}{10}$ が理かいできたかな？

勉強した日 ▶ 　月　　日

① □を使ったたし算
きほんのワーク

答え 14ページ

☆ □にあてはまる数をもとめましょう。
❶ □＋8＝12 　❷ 7＋□＝16

とき方 ❶ □を使った式を図に表すと，右のようになります。□＝[　]－8 　□＝[　] とわかります。

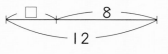

❷ □を使った式を図に表すと，右のようになります。
□＝16－[　] 　□＝[　] とわかります。

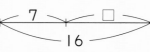

たいせつ 🔒
式を図に表し，関係をつかみます。

答え ❶ [　] 　❷ [　]

1 □にあてはまる数をもとめましょう。
❶ □＋11＝23

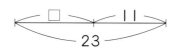

❷ 9＋□＝20

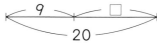

図は，□を使った式を理かいするためのものだから，線の長さはだいたいでかまわないよ！

□＝[　]－11
□＝[　]

□＝20－[　]
□＝[　]

2 式を図に表してから，□にあてはまる数をもとめましょう。
❶ 15＋□＝41　　　　❷ □＋27＝52

（　　　　　）　　　　　（　　　　　）

3 □にあてはまる数をもとめましょう。また，たしかめもしましょう。
［れい］ □＋5＝13 （ 8 ） たしかめ（□＋5 ➡ 8＋5＝13）

❶ □＋12＝77

（　　　　　） 　たしかめ（□＋12 ➡ 　　　　　）

❷ 34＋□＝89

（　　　　　） 　たしかめ（34＋□ ➡ 　　　　　）

ポイント もとめ方をおぼえるのではなく，もとめ方を考えるようにします。

② □を使ったひき算

きほんのワーク

答え 15ページ

やってみよう

⭐ □にあてはまる数をもとめましょう。
- ❶ □－13＝21
- ❷ 24－□＝15

とき方　❶　□を使った式を図に表すと，右のようになります。□＝13＋□　□＝□　とわかります。

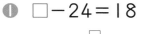

❷　□を使った式を図に表すと，右のようになります。
□＝□－15　□＝□　とわかります。

答え　❶ □　　❷ □

たいせつ🔒
式を図に表し，関係をつかみます。

1 □にあてはまる数をもとめましょう。

❶　□－24＝18

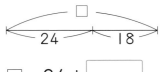

□＝24＋□

□＝□

❷　59－□＝44

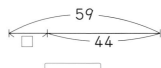

□＝□－44

□＝□

2 式を図に表してから，□にあてはまる数をもとめましょう。

❶　□－19＝7

（　　　）

❷　31－□＝26

（　　　）

3 □にあてはまる数をもとめましょう。また，たしかめもしましょう。

[れい]　□－5＝8　（　13　）　たしかめ(□－5 ➡ 13－5＝8)

❶　□－12＝10

（　　　）　　たしかめ（□－12 ➡　　　　）

❷　147－□＝78

（　　　）　　たしかめ（147－□ ➡　　　　）

ポイント 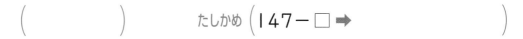 左の図と４つの式(●＋▲＝■, ▲＋●＝■, ■－●＝▲, ■－▲＝●)の関係をたしかめましょう。

③ □を使ったかけ算
きほんのワーク

答え 15ページ

☆□×9＝54 の□にあてはまる数をもとめましょう。

とき方 《1》 図に表して考えると，

□にあてはまる数を 9 倍すると

54 になるから，

□は 54 を 9 等分した数です。

□にあてはまる数はわり算でもとめられるので，

□＝54÷9　　□＝　　　

《2》 □にいろいろな数をあてはめてみます。

4×9＝　　　　5×9＝　　　　6×9＝　　　　**答え**　　　

---

1 □にあてはまる数をもとめましょう。

❶ □×8＝72

図に表して考えると，

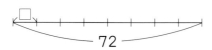

□＝72÷　　　

□＝　　　

❷ 5×□＝30

図に表して考えると，

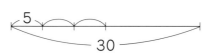

□＝　　　÷5

□＝　　　

❷は，□が◯の数になるね。

---

2 □にあてはまる数をもとめましょう。また，たしかめもしましょう。

［れい］　2×□＝10 （　5　）　たしかめ（2×□ ➡ 2×5＝10）

❶ 3×□＝21

（　　　　　　）　　たしかめ（ 3×□ ➡　　　　　　）

❷ □×4＝32

（　　　　　　）　　たしかめ（ □×4 ➡　　　　　　）

❸ 7×□＝14

（　　　　　　）　　たしかめ（ 7×□ ➡　　　　　　）

ポイント　「図に表す→とく→たしかめ」の流れをしゅうかんにします。

④ □を使ったわり算 (1)

きほんのワーク

答え 15ページ

☆28÷□＝4 の□にあてはまる数をもとめましょう。

とき方 図に表して考えると，

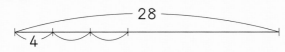

図より，□が⌒の数になるので，

□にあてはまる数はわり算でもとめます。

□＝28÷4　　□＝ [　　]

答え [　　]

28÷□＝4 の□に，いろいろな数をあてはめて考えることもできます。

1 □にあてはまる数をもとめましょう。

❶ 56÷□＝7

図に表して考えると，

□＝56÷[　　]

□＝[　　]

❷ 36÷□＝9

図に表して考えると，

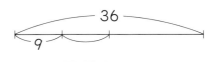

□＝[　　]÷9

□＝[　　]

2 □にあてはまる数をもとめましょう。また，たしかめもしましょう。

[れい]　10÷□＝5　（　2　）　たしかめ（10÷□ ➡ 10÷2＝5）

❶ 24÷□＝6

（　　　　　）　　たしかめ（24÷□ ➡ 　　　　　）

❷ 42÷□＝7

（　　　　　）　　たしかめ（42÷□ ➡ 　　　　　）

❸ 18÷□＝3

（　　　　　）　　たしかめ（18÷□ ➡ 　　　　　）

ポイント 図に表したり，□にいろいろな数をあてはめて，考えていきましょう。

91

勉強した日 ▶ 　月　　日

⑤ □を使ったわり算 (2)

きほんのワーク

答え 15ページ

答え 15ページ

やってみよう

★ □÷4＝7の□にあてはまる数をもとめましょう。

□÷4＝7の□にあてはまる数は，わられる数なので，4のだんの九九を使ってもとめることもできるよ。

とき方　図に表して考えると，

図より，□にあてはまる数は
かけ算でもとめます。

□＝7×4　　□＝[　　]

答え [　　　]

1 □にあてはまる数をもとめましょう。

❶　□÷5＝8

図に表して考えると，

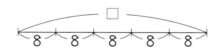

□＝8×[　　]

□＝[　　]

❷　□÷7＝7

図に表して考えると，

□＝[　　]×7

□＝[　　]

2 □にあてはまる数をもとめましょう。また，たしかめもしましょう。

［れい］　□÷2＝5　（　10　）　たしかめ(□÷2 ➡ 10÷2＝5)

❶　□÷4＝5

（　　　　　）　　たしかめ (□÷4 ➡　　　　　　　)

❷　□÷3＝9

（　　　　　）　　たしかめ (□÷3 ➡　　　　　　　)

❸　□÷9＝8

（　　　　　）　　たしかめ (□÷9 ➡　　　　　　　)

ポイント　自分で「10÷2＝5」のような，かんたんなわり算の式をつくり，10÷2＝5　を見れば，10＝2×5とわかります。

まとめのテスト

時間 **20** 分

とく点 /100点

答え 15ページ

1 □にあてはまる数をもとめましょう。また，たしかめもしましょう。　1つ5〔100点〕

❶ 19+□=25

（　　　　　）　　たしかめ（19+□ ➡　　　　　　　）

❷ □+31=47

（　　　　　）　　たしかめ（□+31 ➡　　　　　　　）

❸ 29-□=11

（　　　　　）　　たしかめ（29-□ ➡　　　　　　　）

❹ □-43=45

（　　　　　）　　たしかめ（□-43 ➡　　　　　　　）

❺ 5×□=40

（　　　　　）　　たしかめ（5×□ ➡　　　　　　　）

❻ □×9=72

（　　　　　）　　たしかめ（□×9 ➡　　　　　　　）

❼ 81÷□=9

（　　　　　）　　たしかめ（81÷□ ➡　　　　　　　）

❽ 48÷□=8

（　　　　　）　　たしかめ（48÷□ ➡　　　　　　　）

❾ □÷6=3

（　　　　　）　　たしかめ（□÷6 ➡　　　　　　　）

❿ □÷5=11

（　　　　　）　　たしかめ（□÷5 ➡　　　　　　　）

チェック □□を使ったたし算，ひき算の式で，□をもとめることができたかな？
□□を使ったかけ算，わり算の式で，□をもとめることができたかな？

93

まとめのテスト❶

答え 15ページ

時間 20分

とく点 /100点

1 □にあてはまる不等号を書きましょう。　1つ5〔10点〕

❶ 300000 □ 50000

❷ 301×100 □ 31000÷100

2 計算をしましょう。　1つ5〔20点〕

❶ 21÷3　　❷ 35÷7　　❸ 0÷2　　❹ 65÷7

3 計算をしましょう。　1つ5〔30点〕

❶　　402
　＋386

❷　　950
　＋　93

❸　　243
　－　44

❹　1056
　－　74

❺　　37
　×76

❻　124
　×31

4 □にあてはまる数を書きましょう。　1つ5〔20点〕

❶ 0.1 を 45 こ集めた数は □ です。

❷ 7.3 は 0.1 が □ こ分の大きさです。

❸ 8＋5.2＝ □　　❹ 10－0.7＝ □

5 □にあてはまる数を書きましょう。　1つ5〔20点〕

❶ 140秒＝ □分 □秒　　❷ 4分15秒＝ □秒

❸ 2時間30分＋40分＝ □時間 □分

❹ 5時間20分－2時間50分＝ □時間 □分

チェック ☑

□ くり上がりやくり下がりに気をつけて正しく筆算できたかな？
□ 時間の計算が正しくできたかな？

まとめのテスト❷

時間 **20**分

答え 16ページ

とく点

／100点

1 ❶は漢字で，❷は数字で書きましょう。 1つ5〔10点〕

❶ 513790

❷ 四千二十万五千三百八

( ) ( )

2 3つの数の大きさをくらべて，小さいじゅんに書きましょう。 1つ5〔10点〕

❶ $\frac{3}{7}$, 1, $\frac{1}{7}$

❷ 0.5, $\frac{1}{10}$, $\frac{8}{10}$

( ) ( )

3 計算をしましょう。 1つ5〔30点〕

❶
```
   6 7 0
 + 5 3 5
```

❷
```
   4 8 9
 - 1 5 8
```

❸
```
   3 8 2 6
 + 1 2 7 5
```

❹
```
   5 8 9 4
 - 1 2 7 5
```

❺
```
   1 5 8
 ×     3
```

❻
```
   1 3 9
 ×   2 1
```

4 □にあてはまる数を書きましょう。 1つ5〔20点〕

❶ $3 \times 7 = \boxed{} \times 3$

❷ $8 \times 5 = 8 \times 4 + \boxed{}$

❸ $81 \div 9 = \boxed{}$

❹ $50 \div 6 = \boxed{}$ あまり $\boxed{}$

5 計算をしましょう。 1つ5〔20点〕

❶ $6.1 + 2.7$

❷ $11.7 - 5.4$

❸ $15.9 + 8.1$

❹ $10.1 - 3.5$

6 □にあてはまる数を書きましょう。 1つ5〔10点〕

❶ $4 km 500 m + 6 km 700 m = \boxed{} km \boxed{} m$

❷ $2 km - 150 m = \boxed{} km \boxed{} m$

□ 小数のたし算，ひき算が正しくできたかな？
□ 長さの計算が正しくできたかな？

95

まとめのテスト❸

答え 16ページ

時間 20分

とく点 /100点

1 計算をしましょう。 1つ7〔42点〕

①
$$
\begin{array}{r}
3\,2 \\
\times\ \ 4 \\
\hline
\end{array}
$$

②
$$
\begin{array}{r}
3\,2\,7 \\
\times\ \ \ \ 5 \\
\hline
\end{array}
$$

③
$$
\begin{array}{r}
1\,9\,8 \\
\times\ \ \ \ 7 \\
\hline
\end{array}
$$

④
$$
\begin{array}{r}
6\,2\,9 \\
\times\ \ \ 3\,0 \\
\hline
\end{array}
$$

⑤
$$
\begin{array}{r}
5\,3\,2 \\
\times\ \ \ 6\,1 \\
\hline
\end{array}
$$

⑥
$$
\begin{array}{r}
9\,4\,5 \\
\times\ \ \ 4\,9 \\
\hline
\end{array}
$$

2 □にあてはまる数を書きましょう。 1つ4〔20点〕

① $\frac{1}{3}$m の 2 こ分の長さは [　] mです。

② $\frac{5}{7}$dL は，$\frac{1}{7}$dL の [　] こ分のかさです。

③ $\frac{9}{10}$ は，0.1 の [　] こ分の数です。

④ $\frac{5}{9}+\frac{2}{9}=$ [　]

⑤ $1-\frac{7}{8}=$ [　]

3 □にあてはまる数を書きましょう。 1つ5〔10点〕

① $6000\,kg=$ [　] t

② $550\,g+1\,kg\,750\,g=$ [　] kg [　] g

4 次のわり算をしましょう。また，答えのたしかめをしましょう。 1つ3〔12点〕

① $20\div6$　　　　たしかめ (　　　　　　　)

② $31\div4$　　　　たしかめ (　　　　　　　)

5 □にあてはまる数をもとめましょう。また，たしかめをしましょう。 1つ4〔16点〕

① $\square+25=60$

(　　　　　) 　たしかめ (□+25 ➡ 　　　　　)

② $7\times\square=63$

(　　　　　) 　たしかめ (7×□ ➡ 　　　　　)

チェック ☑ □かけ算の筆算の答えを，正しくもとめることができたかな？
□□にあてはまる数を，正しくもとめることができたかな？

答えとてびき

「答えとてびき」は，とりはずすことができます。

全教科書対応

数と計算 **3**年

使い方

まちがえた問題は，もういちどよく読んで，なぜまちがえたのかを考えましょう。正しい答えを知るだけでなく，なぜそうなるかを考えることが大切です。

---

1 かけ算のきまり

2ページ きほんのワーク

☆ 答え 2，2
❶ 15，18，21，3，3
❷ ❶ 4 ❷ 5 ❸ 3 ❹ 9
 ❺ 7 ❻ 6 ❼ 8 ❽ 1
❸ ❶ 6 ❷ 7 ❸ 9 ❹ 2
 ❺ 4 ❻ 4 ❼ 7 ❽ 6

てびき ❷❸ 意味を考えながら，あてはまる数をもとめます。
・かける数が1ふえると，答えはかけられる数だけ大きくなります。
・かける数が1へると，答えはかけられる数だけ小さくなります。

3ページ きほんのワーク

☆ 10，10 答え 2
❶ ❶ 4 ❷ 8 ❸ 4 ❹ 8
 ❺ 5 ❻ 8
❷ 6，24，8，24，24
❸ ❶ 3 ❷ 2 ❸ 3 ❹ 2

てびき ❷ かけ算は，かけるじゅんばんをかえて計算しても，答えは同じになります。
（●×■）×▲＝●×（■×▲）

4ページ きほんのワーク

☆ 16，16 答え 3
❶ ❶ 7，7 ❷ 6，6 ❸ 5 ❹ 6

---

❷ ❶ 2 ❷ 4
❸ 6，12，18，3
❹ ❶ 3 ❷ 8 ❸ 5 ❹ 9

てびき ❶ かけ算では，かける数を分けて計算しても，答えは同じになります。

5ページ きほんのワーク

☆ 0，0，0，0，0 答え 0，0
❶ ❶ 0 ❷ 0 ❸ 0 ❹ 0
❷ ❶ 0 ❷ 0 ❸ 0 ❹ 0
 ❺ 0 ❻ 0
❸ ❶ 0 ❷ 0 ❸ 0 ❹ 0
❹ 0，1，2，3，4，5，6，7，8，9

てびき どんな数に0をかけても，答えは0になります。また，0にどんな数をかけても，答えは0になります。
■×0＝0 0×■＝0

6ページ きほんのワーク

☆ 10，10，10，3，9 答え 30，30
❶ ❶ 20 ❷ 20 ❸ 50
 ❹ 70 ❺ 10 ❻ 6
❷ ❶ 4 ❷ 10 ❸ 9
 ❹ 9
❸ ❶ 28，6，42，70
 ❷ 12，8，48，60

てびき 10のかけ算は，「●×■＝■×●」や，「かける数が1ふえると，答えはかけられる数だけ大きくなる」を使って考えます。

7 ページ　まとめのテスト

1 ❶ 7 　❷ 3 　❸ 8 　❹ 4
　　❺ 9 　❻ 3 　❼ 4 　❽ 4
2 ❶ 6 　❷ 4 　❸ 8 　❹ 4
　　❺ 9 　❻ 7
3 ❶ 0 　　　❷ 0 　　　❸ 0
　　❹ 0 　　　❺ 90 　　❻ 80

 3 ❶〜❹どんな数に 0 をかけても，
0 にどんな数をかけても，答えは 0 です。

2 時こくと時間

8 ページ　きほんのワーク

☆ 60, 60, 120, 60, 180
　60, 80　　　　　　　　　　答え 3, 80
1 ❶ 100 　　❷ 240 　　❸ 2, 30
2 ❶ 85 　　❷ 5 　　❸ 65
　　❹ 400 　　❺ 168 　　❻ 2
　　❼ 2, 15 　　❽ 3, 9

9 ページ　きほんのワーク

☆ 30, 25, 25, 20　　　答え 2, 25, 2, 35
1 ❶ 6, 5 　　　　　❷ 5, 45
2 ❶ 2 時 　　　　　❷ 6 時 50 分
　　❸ 3 時 45 分 　　❹ 30 分
　　❺ 55 分

てびき **1** ❶ 5 時 10 分＋55 分
　＝5 時 65 分＝6 時 5 分
❷ 6 時 10 分－25 分＝5 時 70 分－25 分
　　　　　　　　　　＝5 時 45 分
2 ❶ 1 時 20 分＋40 分＝1 時 60 分＝2 時
❷ 7 時 15 分－25 分＝6 時 75 分－25 分
　　　　　　　　　　＝6 時 50 分
❸ 4 時 35 分－50 分＝3 時 95 分－50 分
　　　　　　　　　　＝3 時 45 分
❹ 3 時 10 分－2 時 40 分
　＝2 時 70 分－2 時 40 分＝30 分
❺ 11 時 15 分－10 時 20 分
　＝10 時 75 分－10 時 20 分＝55 分

10 ページ　まとめのテスト❶

1 ❶ 4 　　　　　❷ 180
　　❸ 1, 50 　　　❹ 1, 25
　　❺ 3, 10 　　　❻ 105
　　❼ 145 　　　　❽ 310
2 ❶ 4 時間 20 分 　　❷ 30 分
　　❸ 1 分 20 秒 　　❹ 15 秒
　　❺ 6 分 10 秒 　　❻ 50 秒
3 ❶ 午前 8 時 40 分 　❷ 午前 9 時 40 分
　　❸ 午後 6 時 55 分 　❹ 25 分
　　❺ 3 時間 20 分 　　❻ 6 時間 30 分

てびき **2** ❶ 2 時間 30 分＋1 時間 50 分
　＝3 時間 80 分＝4 時間 20 分
❷ 3 時間 10 分－2 時間 40 分
　＝2 時間 70 分－2 時間 40 分＝30 分
❸ 35 秒＋45 秒＝80 秒＝1 分 20 秒
❺ 4 分 55 秒＋1 分 15 秒＝5 分 70 秒
　　　　　　　　　　＝6 分 10 秒
❻ 1 分 10 秒－20 秒＝70 秒－20 秒
　　　　　　　　　　＝50 秒
3 ❷ 12 時で分けて考えます。
　12 時から午後 1 時までは 1 時間，
　さらに 12 時の 2 時間 20 分前は，
　12 時－2 時間 20 分
　＝11 時 60 分－2 時間 20 分より，
　9 時 40 分です。
❸ 9 時－2 時間 5 分
　＝8 時 60 分－2 時間 5 分＝6 時 55 分
❹ 8 時 10 分－7 時 45 分
　＝7 時 70 分－7 時 45 分＝25 分
❻ 12 時で分けて考えます。
　12 時までは 12 時－9 時 30 分
　＝11 時 60 分－9 時 30 分より，
　2 時間 30 分で，これに 4 時間をたします。

11 ページ　まとめのテスト❷

1 ⑦, ⑦
2 ❶ 1 　　　　　❷ 120
　　❸ 85 　　　　❹ 2, 27
　　❺ 1, 3 　　　❻ 210
　　❼ 3, 15 　　　❽ 71
　　❾ 5, 15 　　　❿ 298
3 ❶ 3 時間 25 分 　❷ 6 時間 10 分
　　❸ 2 分 40 秒 　　❹ 6 分
　　❺ 45 分 　　　　❻ 45 分
　　❼ 55 秒 　　　　❽ 25 秒

❸ ❶ 85 分＋2 時間
＝1 時間 25 分＋2 時間＝3 時間 25 分
❷ 3 時間 30 分＋2 時間 40 分
＝5 時間 70 分＝6 時間 10 分
❸ 1 分 25 秒＋75 秒＝1 分 100 秒
＝2 分 40 秒
❹ 5 分 20 秒＋40 秒＝5 分 60 秒＝6 分
❺ 1 時間 30 分－45 分＝90 分－45 分
＝45 分
❻ 7 時間 40 分－6 時間 55 分
＝6 時間 100 分－6 時間 55 分＝45 分
❼ 1 分 45 秒－50 秒＝105 秒－50 秒
＝55 秒

3 たし算の筆算

12 ページ きほんのワーク

☆ 5 ➡ 1, 4 ➡ 6　　　　　　　答え 645
❶ ❶ 3, 8, 3
❷ 1, 2, 6, 0
❸ 232
❷ ❶ 234　　❷ 349　　❸ 814
❹ 493　　❺ 403　　❻ 213
❼ 401　　❽ 512

13 ページ きほんのワーク

☆ 1, 4 ➡ 1, 0　　　　　　　答え 1043
❶ ❶ 1, 1, 0, 0, 9
❷ 1, 1, 0, 1, 0
❸ 1353
❷ ❶ 1047　　❷ 1054　　❸ 1059
❹ 1043　　❺ 1270　　❻ 1083
❼ 1110　　❽ 1355

14 ページ きほんのワーク

☆ 1, 3 ➡ 1, 4 ➡ 1, 5　　　　答え 1543
❶ ❶ 1, 1, 1, 0, 0, 3
❷ 1, 1, 1, 0, 4, 1
❸ 1121
❷ ❶ 1005　　❷ 1014　　❸ 1068
❹ 1506　　❺ 1260　　❻ 1233
❼ 1651　　❽ 1310

15 ページ きほんのワーク

☆ 1, 3 ➡ 9 ➡ 7, 6　　　　　答え 7693
❶ ❶ 1, 8, 7, 9, 4

❷ 1, 8, 9, 5, 1
❸ 8302
❷ ❶ 7418　　❷ 6990　　❸ 9348
❹ 9906　　❺ 9281　　❻ 8158
❼ 6821　　❽ 9223

16 ページ まとめのテスト❶

1 ❶ 326　　❷ 737　　❸ 554
❹ 581　　❺ 242　　❻ 603
❼ 200　　❽ 544　　❾ 900
❿ 750　　⓫ 304　　⓬ 364
⓭ 474　　⓮ 721　　⓯ 656
⓰ 861
2 ❶ 1003　　❷ 1057　　❸ 1342
❹ 1040

2 ❶
```
    4
+999
1003
```
❷
```
 962
+ 95
1057
```
❸
```
 445
+897
1342
```
❹
```
 381
+659
1040
```

17 ページ まとめのテスト❷

1 ❶ 808　　❷ 497　　❸ 287
❹ 958　　❺ 608　　❻ 905
❼ 901　　❽ 945　　❾ 660
❿ 402　　⓫ 301　　⓬ 800
2 ❶ 1000　　❷ 1248　　❸ 1420
❹ 7704　　❺ 6993　　❻ 9280
❼ 9071　　❽ 8002

1 ❶
```
 500
+308
 808
```
❷
```
  92
+405
 497
```
❸
```
  37
+250
 287
```
❹
```
 885
+ 73
 958
```
❺
```
 432
+176
 608
```
❻
```
 647
+258
 905
```
❼
```
 719
+182
 901
```
❽
```
 759
+186
 945
```
❾
```
 476
+184
 660
```
❿
```
 374
+ 28
 402
```
⓫
```
 206
+ 95
 301
```
⓬
```
 627
+173
 800
```
2 ❶
```
 982
+ 18
1000
```
❷
```
 963
+285
1248
```
❸
```
 888
+532
1420
```
❹
```
2368
+5336
7704
```
❺
```
1364
+5629
6993
```
❻
```
1925
+7355
9280
```
❼
```
6473
+2598
9071
```
❽
```
4095
+3907
8002
```

4 ひき算の筆算

18 ページ **きほんのワーク**

☆ 4, 8 ➡ 5, 7 ➡ 3 　　　　　　　答え 378

① ① 2, 4, 3
　② 4, 2, 1, 9
　③ 165
② ① 259　　② 539　　③ 27
　④ 68　　⑤ 164　　⑥ 614
　⑦ 894　　⑧ 599

19 ページ **きほんのワーク**

☆ 2, 8 ➡ 4 　　　　　　　答え 487

① ① 0, 1, 6, 8, 6
　② 1, 0, 3, 1, 4, 8, 4
　③ 1864
② ① 764　　② 874　　③ 258
　④ 889　　⑤ 1588　　⑥ 989
　⑦ 2789　　⑧ 1254

20 ページ **きほんのワーク**

☆ 4 ➡ 9 　　　　　　　答え 943

① ① 9, 9, 3, 5
　② 9, 9, 2, 3
　③ 807
② ① 982　　② 1289　　③ 929
　④ 1403　　⑤ 864　　⑥ 813
　⑦ 984　　⑧ 999

21 ページ **きほんのワーク**

☆ 6 ➡ 2, 3 　　　　　　　答え 2363

① ① 2, 1, 5, 2, 5
　② 3, 2, 2, 8, 9, 1
　③ 979
② ① 2182　　② 492　　③ 4068
　④ 1890　　⑤ 4691　　⑥ 3886
　⑦ 1369　　⑧ 387

22 ページ **まとめのテスト①**

1 ① 392　　② 523　　③ 558
　④ 453　　⑤ 796　　⑥ 39
　⑦ 395　　⑧ 435　　⑨ 56
　⑩ 598　　⑪ 569　　⑫ 178
　⑬ 1661　　⑭ 1716　　⑮ 50
　⑯ 1983
2 ① 755　　② 169　　③ 1991
　④ 3896

てびき

2 ①
```
   763
 -   8
   755
```
②
```
   438
 - 269
   169
```
③
```
  2916
 -  925
  1991
```
④
```
  4181
 -  285
  3896
```

23 ページ **まとめのテスト②**

1 ① 154　　② 352　　③ 214
　④ 299　　⑤ 77　　⑥ 128
　⑦ 98　　⑧ 1029　　⑨ 1254
　⑩ 265　　⑪ 3087　　⑫ 1093
2 ① 2091　　② 7995　　③ 678
　④ 76　　⑤ 189　　⑥ 2075
　⑦ 3962　　⑧ 2858

てびき

1 ①
```
   286
 - 132
   154
```
②
```
   381
 -  29
   352
```
③
```
   232
 -  18
   214
```
④
```
   304
 -   5
   299
```
⑤
```
   374
 - 297
    77
```
⑥
```
   500
 - 372
   128
```
⑦
```
   731
 - 633
    98
```
⑧
```
  1128
 -   99
  1029
```
⑨
```
  1327
 -   73
  1254
```
⑩
```
  1026
 -  761
   265
```
⑪
```
  3672
 -  585
  3087
```
⑫
```
  2013
 -  920
  1093
```
2 ①
```
  5215
 -3124
  2091
```
②
```
  9210
 -1215
  7995
```
③
```
  2011
 -1333
   678
```
④
```
  7004
 -6928
    76
```
⑤
```
  5163
 -4974
   189
```
⑥
```
  4262
 -2187
  2075
```
⑦
```
  6400
 -2438
  3962
```
⑧
```
  4157
 -1299
  2858
```

---

5 わり算

24 ページ **きほんのワーク**

☆ 2, 4, 6, 8, 10, 12 　　　　　答え 6

① ① 7　　② 8
② ① 6　　② 9　　③ 3　　④ 6
　⑤ 7　　⑥ 9　　⑦ 2　　⑧ 8
　⑨ 3　　⑩ 9　　⑪ 2　　⑫ 7
　⑬ 3　　⑭ 5　　⑮ 9

25 ページ **きほんのワーク**

☆ 8, 16, 24, 32, 40, 48 　　　答え 6

① ① 6　　② 3
② ① 5　　② 1　　③ 9　　④ 2
　⑤ 6　　⑥ 7　　⑦ 5　　⑧ 8

⑨ 4 　　⑩ 1 　　⑪ 9 　　⑫ 2
⑬ 9 　　⑭ 1 　　⑮ 3

26ページ きほんのワーク

☆ 0 　　　　　　　　　　　　　　答え 0
❶ 7
❷ ❶ 0 　　❷ 0 　　❸ 6 　　❹ 3
❸ ❶ 0 　　❷ 0 　　❸ 0 　　❹ 2
　　❺ 8 　　❻ 1

27ページ きほんのワーク

☆ 8, 2, 2 　　　　　　　　　　　答え 20
❶ 9, 3, 3, 30
❷ ❶ 40 　　❷ 10 　　❸ 20
　　❹ 10 　　❺ 20 　　❻ 10
　　❼ 10 　　❽ 10 　　❾ 30
　　❿ 10 　　⓫ 10 　　⓬ 10

28ページ きほんのワーク

☆ 9, 20, 3, 20, 3, 23 　　　　　答え 23
❶ 6, 40, 3, 43
❷ ❶ 32 　　❷ 11 　　❸ 21
　　❹ 13 　　❺ 13 　　❻ 22
　　❼ 41 　　❽ 11

29ページ まとめのテスト

1 ❶ 2 　　❷ 5 　　❸ 9 　　❹ 8
　　❺ 5 　　❻ 4 　　❼ 5 　　❽ 4
　　❾ 8 　　❿ 0 　　⓫ 0 　　⓬ 0
　　⓭ 9 　　⓮ 3 　　⓯ 6 　　⓰ 7
　　⓱ 4 　　⓲ 5 　　⓳ 8 　　⓴ 4
2 ❶ 10 　　❷ 21 　　❸ 42
　　❹ 12 　　❺ 31 　　❻ 22
　　❼ 14 　　❽ 33

6 あまりのあるわり算

30ページ きほんのワーク

☆ 3 　　　　　　　　　　答え 4 あまり 2
❶ ❶ 2 　　　　　　❷ 2, 1
　　❸ 2, 2 　　　　❹ 2, 3
❷ ❶ 3 あまり 3 　　❷ 7 あまり 3
　　❸ 9 あまり 3 　　❹ 9 あまり 2
　　❺ 3 あまり 3 　　❻ 4 あまり 3
　　❼ 7 あまり 6 　　❽ 4 あまり 4
　　❾ 7 あまり 4

31ページ きほんのワーク

☆ 答え 1, 19
❶ ❶ 6, 41 　　　　　❷ 1, 29
　　❸ 8, 6, 70
❷ ❶ 3 あまり 2 　　たしかめ 9×3＋2＝29
　　❷ 8 あまり 1 　　たしかめ 5×8＋1＝41
　　❸ 7 あまり 1 　　たしかめ 8×7＋1＝57
　　❹ 8 あまり 5 　　たしかめ 7×8＋5＝61

☞ たしかめよう！

わり算の答えのたしかめ
「●÷■＝▲あまり★」のとき，
「■×▲＋★」を計算して，●になるかを調べます。
ただし，わる数の■より，あまりの★は小さい数に
なります。

32ページ まとめのテスト❶

1 ❶ 1 あまり 3 　　❷ 8 あまり 4
　　❸ 9 あまり 1 　　❹ 6 あまり 1
　　❺ 6 あまり 4 　　❻ 9 あまり 5
　　❼ 4 あまり 1 　　❽ 5 あまり 5
　　❾ 9 あまり 2 　　❿ 5 あまり 4
　　⓫ 5 あまり 1 　　⓬ 8 あまり 4
　　⓭ 2 あまり 8 　　⓮ 4 あまり 5
　　⓯ 7 あまり 6
2 ❶ 5 あまり 7 　　たしかめ 9×5＋7＝52
　　❷ 4 あまり 7 　　たしかめ 8×4＋7＝39
　　❸ 8 あまり 2 　　たしかめ 3×8＋2＝26
　　❹ 7 あまり 5 　　たしかめ 6×7＋5＝47
　　❺ 4 あまり 3 　　たしかめ 4×4＋3＝19
3 ❶ 6 　　　　　　❷ 5 あまり 5

33ページ まとめのテスト❷

1 ❶ ○ 　　　　　　❷ ×, 8 あまり 8
　　❸ ×, 7 あまり 2 　❹ ×, 7
2 ❶ 8 あまり 2 　　❷ 6 あまり 1
　　❸ 4 あまり 2 　　❹ 2 あまり 7
　　❺ 4 あまり 1 　　❻ 7 あまり 1
　　❼ 9 あまり 2 　　❽ 8 あまり 6
　　❾ 2 あまり 5 　　❿ 8 あまり 1
　　⓫ 7 あまり 2 　　⓬ 2 あまり 6
3 ❶ 7 あまり 4 　　たしかめ 5×7＋4＝39
　　❷ 8 あまり 3 　　たしかめ 6×8＋3＝51
　　❸ 4 あまり 2 　　たしかめ 8×4＋2＝34
　　❹ 5 あまり 2 　　たしかめ 4×5＋2＝22

7 わり算のまとめ

34ページ まとめのテスト❶

1 ❶ 4　❷ 7　❸ 2
❹ 5　❺ 0　❻ 40
❼ 11　❽ 21

2 ❶ 9あまり3　❷ 5あまり1
❸ 6あまり6　❹ 7あまり3
❺ 7あまり1

3 ❶ ×, 8　❷ ×, 8あまり1
❸ ○　❹ ×, 6あまり2
❺ ×, 8

35ページ まとめのテスト❷

1 ❶ 5　❷ 8　❸ 7
❹ 4　❺ 7　❻ 9
❼ 24　❽ 33

2 ❶ 9あまり1　❷ 7あまり7
❸ 3あまり1　❹ 6あまり3
❺ 5あまり5

3 ❶ 3あまり2　たしかめ 4×3+2=14
❷ 4あまり3　たしかめ 8×4+3=35
❸ 8あまり2　たしかめ 5×8+2=42
❹ 8あまり6　たしかめ 7×8+6=62
❺ 4あまり5　たしかめ 6×4+5=29

8 大きい数のしくみ

36ページ きほんのワーク

☆ 七千二百五十三万八千　答え 7, 3

❶ ❶ 3, 6, 2, 8　❷ 32

❷ ❶ 四万八千九百五十四
❷ 五十六万五十二
❸ 七百八十三万九千五百十四
❹ 三千九百二十八万六十

❸ ❶ 34520　❷ 524000
❸ 7856032　❹ 28005478

37ページ きほんのワーク

☆ 1000, 10, 1, 10, 100000000
答え 61000, 9980万, 1億

❶ ㋐ 33500　㋑ 8500万
㋒ 1億

❷ ㋐ 70500　㋑ 78500
㋒ 20000　㋤ 250000
㋩ 430000

38ページ きほんのワーク

☆ 4, 6, 8, 7　答え 46500, 10200000

❶ ❶ <　❷ >　❸ <　❹ >
❺ <　❻ >

❷ ❶ 380900, 39008, 38090, 30890,
3890
❷ 987100, 978100, 918700,
897100, 891799

> **てびき** ❷ 右から4けたごとに区切って，数の大きさをくらべるとわかりやすくなります。
> ❶　3│8090　❷　98│7100
> 　　3│0890　　　97│8100
> 　　　3890　　　89│7100
> 　　3│9008　　　91│8700
> 　38│0900　　　89│1799

39ページ きほんのワーク

☆ 13, 13, 16, 16　答え 13000, 16万

❶ ❶ 15000　❷ 100000
❸ 230000　❹ 66000
❺ 4000　❻ 7000000
❼ 600000　❽ 16000

❷ ❶ 15万　❷ 84万　❸ 60万
❹ 900万　❺ 3万　❻ 8万
❼ 400万　❽ 24万

> **てびき** ❶❸ 10000をもとにすると，10000が20+3=23より，23あるから，答えは230000になります。

40ページ きほんのワーク

☆ 答え 4500, 45000, 45

❶ ❶ 150　❷ 3010　❸ 8100
❹ 70000　❺ 34000　❻ 520000
❼ 5　❽ 40　❾ 98
❿ 300

❷ ❶ 8000　❷ 950

41ページ まとめのテスト

1 ❶ 億　❷ 7, 9, 3, 2, 5

2 ❶ 56030　❷ 15000000
❸ 28005478　❹ 1080018

3 ㋐ 88500　㋑ 700万
㋒ 1000万

4 ❶ <　❷ >　❸ <　❹ >

5 ❶ 93000　❷ 84万　❸ 190

6

④ 5000　　　⑤ 850000　⑥ 900
⑦ 4500　　　⑧ 600

てびき ③ それぞれの数直線の，1めもりの
大きさは，500，100万です。

9 長さ

42 ページ　きほんのワーク

☆ 1000，3，1000，2000，2000
答え 3，2300

① ① 2　　　　　　② 6
③ 4000　　　　④ 500
⑤ 1，800
② ① 7　　　　　　② 5000
③ 6，300　　　　④ 3，600
⑤ 5400　　　　⑥ 2100
⑦ 9，70　　　　⑧ 8050
⑨ 25　　　　　⑩ 31000
⑪ 10500　　　⑫ 10，700

たしかめよう！
長さのたんい　　1km＝1000m

43 ページ　きほんのワーク

☆ 300，500，1000，400　　答え 500，400
① ① 2，800　　　　② 1000，200
③ 7，350　　　　④ 3，300
② ① 1000，5　　　② 1000，8
③ 1500，7，500　④ 1400，8，400
⑤ 1000，5，300　⑥ 1100，7，200

てびき ② ⑤ 6km−700m＝6000m
−700m＝5300m＝5km300m
と計算することもできます。

44 ページ　まとめのテスト❶

1 ① 2000　　　　② 3
③ 5　　　　　　④ 500
⑤ 6，800　　　　⑥ 8400
⑦ 9600　　　　⑧ 3300
⑨ 5，9　　　　　⑩ 48
⑪ 73000　　　　⑫ 10400
2 ① 3，700　　　② 3，300
③ 9，700　　　④ 4，200
⑤ 3，400　　　⑥ 5，200
⑦ 800　　　　⑧ 3，100

てびき ② ② 2km700m＋600m
＝2km1300m＝3km300m
④ 3km300m＋900m＝3km1200m
＝4km200m
⑦ 1km−200m＝1000m−200m＝800m
※すべてを「m」のたんいで表してから，計算す
ることもできます。

45 ページ　まとめのテスト❷

1 ① 6000　　　　② 8
③ 7，900　　　④ 1，200
⑤ 3800　　　　⑥ 16
⑦ 18000　　　⑧ 42195
2 ① 7，800　　　② 6，500
③ 13　　　　　④ 4
⑤ 10　　　　　⑥ 5，200
⑦ 350　　　　⑧ 3，800
⑨ 3，500　　　⑩ 250

てびき ② ② 5km700m＋800m
＝5km1500m＝6km500m
③ 7km900m＋5km100m
＝12km1000m＝13km
④ 1km950m＋2km50m
＝3km1000m＝4km
⑤ 2km500m＋7km500m
＝9km1000m＝10km
⑦ 1km−650m＝1000m−650m
＝350m
⑧ 4km300m−500m
＝3km1300m−500m＝3km800m
または，
4300m−500m＝3800m
⑩ 2km−1km750m
＝1km1000m−1km750m＝250m
または，
2000m−1750m＝250m

10 かけ算の筆算(1)

46 ページ　きほんのワーク

☆ 12，120，6，600　　　　答え 120，600
① ① 2，12，120　　② 5，40，400
③ 9，27，2700　　④ 7，42，4200
② ① 210　　② 180　　③ 280
④ 450　　⑤ 480　　⑥ 3500

7

⑦ 7200 　⑧ 2000 　⑨ 2400
⑩ 1600

47ページ きほんのワーク

☆ 2 ➡ 8 　　　　　　　答え 82
❶ ❶ 8 　❷ 6 　❸ 88 　❹ 99
❷ ❶ 39 　❷ 68 　❸ 66 　❹ 44
　❺ 48 　❻ 48 　❼ 64 　❽ 86
❸ ❶ 93 　❷ 88 　❸ 84 　❹ 69
　❺ 28 　❻ 77

てびき ❸
❶ 31×3=93 　❷ 11×8=88 　❸ 42×2=84
❹ 23×3=69 　❺ 14×2=28 　❻ 11×7=77

48ページ きほんのワーク

☆ 5 ➡ 7 　　　　　　　答え 75
❶ ❶ 8 　❷ 90 　❸ 174
　❹ 212
❷ ❶ 90 　❷ 96 　❸ 91
　❹ 87 　❺ 156 　❻ 276
　❼ 416 　❽ 333
❸ ❶ 84 　❷ 96 　❸ 74
　❹ 301 　❺ 340 　❻ 245

てびき ❸
❶ 28×3=84 　❷ 16×6=96 　❸ 37×2=74
❹ 43×7=301 　❺ 85×4=340 　❻ 49×5=245

49ページ きほんのワーク

☆ 5 ➡ 4 ➡ 1, 6 　　　　答え 1645
❶ ❶ 884 　❷ 369 　❸ 2480
　❹ 328 　❺ 1865 　❻ 1463
❷ ❶ 699 　❷ 4888 　❸ 1596
　❹ 7740 　❺ 875 　❻ 2694
　❼ 3112 　❽ 6342

50ページ きほんのワーク

☆ 1 ➡ 4 ➡ 7 ➡ 9 　　　答え 9741
❶ ❶ 7638 　❷ 9272 　❸ 5245
❷ ❶ 4872 　❷ 9819 　❸ 11300
　❹ 11956 　❺ 9912

51ページ まとめのテスト

❶ ❶ 180 　❷ 720 　❸ 2800
　❹ 3000 　❺ 63 　❻ 128
　❼ 729 　❽ 95 　❾ 600
　⑩ 343 　⑪ 116 　⑫ 504
　⑬ 880 　⑭ 3000 　⑮ 3542
　⑯ 2658 　⑰ 2960 　⑱ 1526
　⑲ 4375 　⑳ 5418
❷ ❶ 162 　❷ 126 　❸ 230
　❹ 558 　❺ 1548 　❻ 2320
　❼ 1418 　❽ 5202

てびき ❷
❶ 54×3=162 　❷ 18×7=126 　❸ 46×5=230
❹ 62×9=558 　❺ 387×4=1548 　❻ 290×8=2320
❼ 709×2=1418 　❽ 867×6=5202

11 小数 (1)

52ページ きほんのワーク

☆ 0.1, 0.4, 1.4, 14 　　　答え 1.4, 14
❶ ❶ 0.1 L 　❷ 0.9 L 　❸ 0.5 L
　❹ 1.7 L 　❺ 2.2 L
❷ ❶ 　❷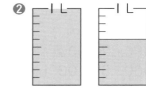

53ページ きほんのワーク

☆ 10, 0.1 　　　　　　答え 10, 0.1
❶ ❶ 0.3 　❷ 0.8 　❸ 6.6
　❹ 4.9 　❺ 5.4 　❻ 2.7
　❼ 0.5 　❽ 0.9 　❾ 1.3
　⑩ 7.5 　⑪ 3.2 　⑫ 8.4
❷ ❶ 92 　❷ 4.6 　❸ 23
　❹ 4.8
❸ ❶ 100, 10, 0.1, 0.6
　❷ 2.3 　❸ 0.5

てびき ❷ ❸ 2L3dL＝2.3L, 2.3L は 0.1L の 23 倍になります。

54 ページ　きほんのワーク

☆ 0.1, 8, 0.8, 27, 2.7　　　答え 0.8, 2.7

① ㋐ 0.3　　㋑ 1.6　　㋒ 2.5
　　㋓ 3.8

②
0　　　1　　　2　　　3　　　4
　　㋐ ㋑　　　　　　㋒ ㋓

③ ❶ 0.7, 37
　　❷ 1.8

55 ページ　きほんのワーク

☆ 14, 2, 16　　　答え 1.6

① ❶ 0.7　　❷ 1.8
② ❶ 0.8　　❷ 1.5　　❸ 1.5
　　❹ 2.7　　❺ 1.9　　❻ 2.8
　　❼ 7.6　　❽ 8.3　　❾ 5.7
　　❿ 9.6

56 ページ　きほんのワーク

☆ 16, 9, 25　　　答え 2.5

① 2.3
② ❶ 1.5　　❷ 1.1　　❸ 1.3
　　❹ 2.1　　❺ 3.2　　❻ 3.4
　　❼ 2.1　　❽ 2.2　　❾ 2
　　❿ 3.2　　⓫ 3　　⓬ 3

> **てびき**
> ① 1.7 は 0.1 の 17 こ分, 0.6 は
> 0.1 の 6 こ分だから,
> 1.7+0.6 は, 0.1 をもとにすると,
> 17+6=23 より, 0.1 の 23 こ分だから,
> 2.3 です。

57 ページ　きほんのワーク

☆ 18, 5, 13　　　答え 1.3

① ❶ 0.2　　❷ 1.3
② ❶ 0.5　　❷ 1.3　　❸ 1.1
　　❹ 1.1　　❺ 2.2　　❻ 2.1
　　❼ 0.6　　❽ 2.1　　❾ 1
　　❿ 1

58 ページ　きほんのワーク

☆ 13, 8, 5　　　答え 0.5

① ❶ 0.8　　❷ 0.8
② ❶ 0.7　　❷ 0.9　　❸ 0.6
　　❹ 0.9　　❺ 0.8　　❻ 0.4
　　❼ 0.9　　❽ 1.6　　❾ 2.9
　　❿ 0.7

59 ページ　まとめのテスト

1 ❶ 3.4　　❷ 108　　❸ 4.1
　　❹ 20.8
2 ❶ <　　❷ >　　❸ <
3 ❶ 0.9　　❷ 1.9　　❸ 2.8
　　❹ 0.1　　❺ 1.4　　❻ 1.1
4 ❶ 2.6　　❷ 1　　❸ 1.2
　　❹ 3.2　　❺ 0.8　　❻ 0.9
　　❼ 0.7　　❽ 1.1　　❾ 0.2

12 小数 (2)

60 ページ　きほんのワーク

☆ 0.6, 0.3, 0.6, 0.3, 0.9, 6.9　　　答え 6.9

① ❶ 0.4, 0.5, 0.4, 0.5, 0.9, 6.9
　　❷ 3, 2, 3, 2, 5, 6.1
　　❸ 0.7, 0.3, 0.7, 0.3, 1, 4
② ❶ 5.5　　❷ 8.9　　❸ 2
　　❹ 9.3　　❺ 10.3　　❻ 9.2

61 ページ　きほんのワーク

☆ 1, 2, 9 ➡.　　　答え 12.9

① ❶ .　　❷ 1, 3, .　　❸ 9, .
②
❶
```
  3.5
+ 2.4
  5.9
```
❷
```
  8.7
+ 1.2
  9.9
```
❸
```
  1.6
+ 2.1
  3.7
```
❹
```
  2.2
+ 4.5
  6.7
```
❺
```
  5.4
+ 3.7
  9.1
```
❻
```
  1.5
+ 2.8
  4.3
```
❼
```
  6.8
+ 1.6
  8.4
```
❽
```
  4.3
+ 0.9
  5.2
```
❾
```
  4.7
+ 3.9
  8.6
```
❿
```
  6.9
+ 5.1
 12.0
```
⓫
```
  3.6
+ 6
  9.6
```
⓬
```
  8
+ 2.5
 10.5
```

62 ページ　きほんのワーク

☆ 0.7, 0.3, 0.7, 0.3, 0.4, 3.4　　　答え 3.4

① ❶ 0.8, 0.2, 0.8, 0.2, 0.6, 3.6
　　❷ 9, 3, 9, 3, 6, 6.2
② ❶ 1.4　　❷ 4.1　　❸ 5.5
　　❹ 0.3　　❺ 1　　❻ 8
　　❼ 2.5

63 ページ　きほんのワーク

☆ 2, 2 ➡.　　　答え 2.2

① ❶ .　　❷ 0, .　　❸ 1, 3, .

9

❷ ❶ 5.9 − 2.4 = 3.5　❷ 4.8 − 2.5 = 2.3　❸ 6.2 − 2.8 = 3.4
❹ 9.5 − 6.8 = 2.7　❺ 7.3 − 5.7 = 1.6　❻ 6.5 − 3.6 = 2.9
❼ 9.6 − 7.8 = 1.8　❽ 8.7 − 2.9 = 5.8　❾ 9.1 − 6 = 3.1
❿ 8 − 3.7 = 4.3　⓫ 6 − 4.2 = 1.8　⓬ 3 − 2.8 = 0.2

64ページ　まとめのテスト❶

❶ ❶ 3.8　❷ 3　❸ 3.2
❹ 1.1

❷ ❶ 5.3 + 7.6 = 12.9　❷ 1.6 + 0.4 = 2.0　❸ 8 + 5.1 = 13.1
❹ 6.9 + 5.3 = 12.2　❺ 7.8 − 0.5 = 7.3　❻ 8.7 − 4.7 = 4.0
❼ 10 − 2.4 = 7.6　❽ 12.4 − 9.5 = 2.9

❸ ❶ 5.9　❷ 14.8　❸ 10.4
❹ 17.1　❺ 15.2　❻ 9
❼ 1.3　❽ 3.5　❾ 6.7
❿ 9.9　⓫ 3.7　⓬ 0.4

てびき ❸
❶ 1.2 + 4.7 = 5.9　❷ 8.6 + 6.2 = 14.8　❸ 8 + 2.4 = 10.4
❹ 7.5 + 9.6 = 17.1　❺ 6 + 9.2 = 15.2　❻ 5.9 + 3.1 = 9.0
❼ 5.8 − 4.5 = 1.3　❽ 6.4 − 2.9 = 3.5　❾ 9 − 2.3 = 6.7
❿ 10 − 0.1 = 9.9　⓫ 4.5 − 0.8 = 3.7　⓬ 7.1 − 6.7 = 0.4

65ページ　まとめのテスト❷

❶ ❶ 9.7 + 4.5 = 14.2　❷ 2.7 + 7.3 = 10.0　❸ 10.4 + 4.6 = 15.0
❹ 3.7 + 12.4 = 16.1　❺ 4.6 − 0.4 = 4.2　❻ 2 − 0.1 = 1.9
❼ 16.2 − 8.2 = 8.0　❽ 17.3 − 6.3 = 11.0

❷ ❶ 2.2　❷ 10.3　❸ 15.9
❹ 3.5　❺ 6.7　❻ 2.9
❼ 20　❽ 26　❾ 29
❿ 5.3　⓫ 7.4　⓬ 0.6

⓭ 0.9　⓮ 14.5　⓯ 0.3

 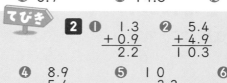

てびき ❷
❶ 1.3 + 0.9 = 2.2　❷ 5.4 + 4.9 = 10.3　❸ 6.9 + 9 = 15.9
❹ 8.9 − 5.4 = 3.5　❺ 10 − 3.3 = 6.7　❻ 7.2 − 4.3 = 2.9
❼ 12.5 + 7.5 = 20.0　❽ 6.6 + 19.4 = 26.0　❾ 17.7 + 11.3 = 29.0
❿ 11.1 − 5.8 = 5.3　⓫ 16.3 − 8.9 = 7.4　⓬ 4.3 − 3.7 = 0.6
⓭ 18.5 − 17.6 = 0.9　⓮ 15 − 0.5 = 14.5　⓯ 14 − 13.7 = 0.3

13 分　数

66ページ　きほんのワーク

☆ $\frac{1}{4}$, $\frac{3}{4}$　　答え $\frac{1}{4}$, $\frac{3}{4}$

❶ ❶ $\frac{1}{3}$ m　❷ $\frac{4}{7}$ m　❸ $\frac{1}{10}$ L
❹ $\frac{5}{6}$ L

❷ ❶
❷
❸ ❹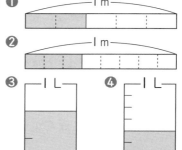

67ページ　きほんのワーク

☆ $\frac{2}{5}$, $\frac{3}{5}$, $\frac{4}{5}$　　答え $\frac{4}{5}$

❶ ❶ $\frac{5}{8}$　❷ $\frac{2}{3}$　❸ $\frac{7}{4}$
❹ $\frac{4}{7}$　❺ $\frac{9}{9}$, 1　❻ 5
❼ 4

68ページ　きほんのワーク

☆ 4, 2, 2　　答え $\frac{4}{5}$, $\frac{2}{5}$

❶ ❶ ＞　❷ ＞　❸ ＞　❹ ＜
❺ ＜　❻ ＞　❼ ＜　❽ ＜

❷ ❶ $\frac{2}{3}$, $\frac{1}{3}$　❷ $\frac{7}{10}$, $\frac{6}{10}$

69 ページ　きほんのワーク

☆ 6, 3　　　　　　　　　　　　答え 1，$\frac{3}{6}$

❶ ❶ 1，$\frac{3}{4}$　　　　　❷ 1，$\frac{3}{5}$

❷ ❶ $\frac{1}{3}$，$\frac{2}{3}$，1　　❷ $\frac{4}{10}$，$\frac{7}{10}$，1

　　❸ $\frac{3}{8}$，$\frac{7}{8}$，1　　❹ $\frac{2}{9}$，$\frac{8}{9}$，1

70 ページ　きほんのワーク

☆ 3, 1, 4　　　　　　　　　　答え $\frac{4}{5}$

❶ ❶ 6　　　❷ 3　　　❸ $\frac{5}{8}$
　❹ $\frac{8}{10}$　　❺ $\frac{5}{6}$　　❻ $\frac{3}{4}$

❷ ❶ 9，1　　❷ 6，1　　❸ 1
　❹ 1

71 ページ　きほんのワーク

☆ 6, 4, 2　　　　　　　　　　答え $\frac{2}{7}$

❶ ❶ 2　　　❷ 2　　　❸ $\frac{3}{5}$
　❹ $\frac{1}{3}$　　❺ $\frac{2}{10}$　　❻ $\frac{5}{8}$

❷ ❶ 8，$\frac{3}{8}$　❷ 5，$\frac{1}{5}$　❸ $\frac{6}{7}$
　❹ $\frac{2}{4}$

72 ページ　まとめのテスト❶

❶ ❶ $\frac{2}{3}$ L　　❷ $\frac{6}{7}$ L　　❸ $\frac{2}{3}$ m

---

　　❹ $\frac{5}{8}$ m
❷ ❶ $\frac{5}{9}$　　　　❷ $\frac{3}{5}$
❸ ❶ $\frac{5}{9}$　　　　❷ $\frac{7}{8}$
❹ ❶ $\frac{2}{7}$，$\frac{6}{7}$，1　❷ $\frac{1}{10}$，$\frac{5}{10}$，1
❺ ❶ $\frac{5}{7}$　　❷ $\frac{3}{4}$　　❸ 1
　❹ 1　　❺ $\frac{1}{8}$　　❻ $\frac{3}{6}$
　❼ $\frac{1}{2}$　　❽ $\frac{7}{10}$

てびき

❺ ❸ $\frac{4}{9} + \frac{5}{9} = \frac{9}{9} = 1$

　❹ $\frac{1}{3} + \frac{2}{3} = \frac{3}{3} = 1$

　❼ $1 - \frac{1}{2} = \frac{2}{2} - \frac{1}{2} = \frac{1}{2}$

　❽ $1 - \frac{3}{10} = \frac{10}{10} - \frac{3}{10} = \frac{7}{10}$

73 ページ　まとめのテスト❷

❶ ❶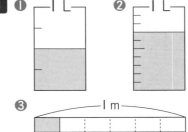

❸
❹

❷ ❶ $\frac{3}{4}$　　　　❷ $\frac{4}{6}$
❸ ❶ ＞　　❷ ＝　　❸ ＜
❹ ❶ 1，$\frac{4}{5}$，$\frac{3}{5}$，$\frac{1}{5}$
　❷ 1，$\frac{6}{8}$，$\frac{3}{8}$，$\frac{1}{8}$
❺ ❶ $\frac{5}{7}$　　❷ $\frac{3}{10}$　　❸ $\frac{6}{8}$
　❹ $\frac{3}{6}$　　❺ 1　　　　❻ $\frac{5}{9}$
　❼ 1　　　　❽ $\frac{3}{4}$

てびき

❺ ❺ $\frac{2}{3} + \frac{1}{3} = \frac{3}{3} = 1$

　❻ $1 - \frac{4}{9} = \frac{9}{9} - \frac{4}{9} = \frac{5}{9}$

　❼ $\frac{2}{5} + \frac{3}{5} = \frac{5}{5} = 1$

　❽ $1 - \frac{1}{4} = \frac{4}{4} - \frac{1}{4} = \frac{3}{4}$

74ページ きほんのワーク

☆ 2, 6, 60, 6, 600　　答え 60, 600
❶ ① 6, 120　　② 5, 2000
　 ③ 270　　④ 4100
❷ 2, 8, 800
❸ ① 3, 1500　　② 2, 7000
　 ③ 1400　　④ 9000

75ページ きほんのワーク

☆ 1, 2, 8 ➡ 3, 2 ➡ 4, 4, 8　　答え 448
❶ ① 7, 7, 6
　 ② 1, 7, 1, 0, 1, 0, 3, 7
　 ③ 1, 4, 2, 4, 0, 2, 5, 4, 4
❷
①
```
   27
×  12
   54
  27
  324
```
②
```
   59
×  38
  472
 177
 2242
```
③
```
   41
×  57
  287
 205
 2337
```
④
```
   84
×  49
  756
 336
 4116
```
⑤
```
   28
×  13
   84
  28
  364
```
⑥
```
   63
×  45
  315
 252
 2835
```
⑦
```
   75
×  76
  450
 525
 5700
```
⑧
```
   92
×  84
  368
 736
 7728
```

76ページ きほんのワーク

☆ 1, 7, 1, 0 ⇒ 1, 7, 1　　答え 1710
❶ ① 8, 6
　 ② 4, 3, 0
　 ③ 3, 4, 8, 0
❷
①
```
   21
×  30
  630
```
②
```
   12
×  90
 1080
```
③
```
   44
×  50
 2200
```
④
```
   59
×  70
 4130
```
⑤
```
   67
×  20
 1340
```
⑥
```
   92
×  40
 3680
```
⑦
```
   85
×  60
 5100
```
⑧
```
   78
×  80
 6240
```

77ページ きほんのワーク

☆ 1, 0, 6, 8, 0, 9, 0, 7
　1, 4, 8　　答え 9078, 14880
❶ ① 7, 8, 2
　 ② 6, 8, 1, 5, 1, 2, 2, 1, 9, 2
　 ③ 5, 4, 0
　 ④ 5, 8, 4, 5, 0

❷
①
```
   282
×   36
  1692
  846
 10152
```
②
```
   743
×   54
  2972
 3715
 40122
```
③
```
   798
×   69
  7182
 4788
 55062
```
④
```
   523
×   73
  1569
 3661
 38179
```
⑤
```
   284
×   30
  8520
```
⑥
```
   463
×   20
  9260
```
⑦
```
   753
×   50
 37650
```
⑧
```
   489
×   90
 44010
```

78ページ きほんのワーク

☆ 60, 12, 72, 72, 720　　答え 72, 720
❶ ① 7, 80, 7, 14, 94
　 ② 48, 480
❷ ① 72　　② 78　　③ 72
　 ④ 700　　⑤ 630　　⑥ 840
　 ⑦ 520　　⑧ 900　　⑨ 960

てびき

❷① 18を, 10と8に分けて考えます。
10×4=40
8×4=32　 あわせて 72
② 26を, 20と6に分けて考えます。
20×3=60
6×3=18　 あわせて 78
④ 14×5の暗算をもとに考えます。
かけられる数の 140は 14の 10倍なので, 答えも 10倍になります。
⑦ 13×4の暗算をもとに考えます。
かける数の 40は 4の 10倍なので, 答えも 10倍になります。

79ページ まとめのテスト

❶ ① 350　　② 540　　③ 1230
　 ④ 2400　　⑤ 2400　　⑥ 76000
❷
①
```
   54
×  12
  108
  54
  648
```
②
```
   62
×  35
  310
 186
 2170
```
③
```
   88
×  43
  264
 352
 3784
```
④
```
    6
×  54
   24
  30
  324
```
⑤
```
   28
×  60
 1680
```
⑥
```
   506
×   30
 15180
```
⑦
```
   927
×   87
  6489
 7416
 80649
```
⑧
```
   783
×   34
  3132
 2349
 26622
```
❸ ① 8344　　② 32490　　③ 19760
　 ④ 13020　　⑤ 11900　　⑥ 27404
❹ ① 98　　② 68　　③ 720
　 ④ 870

3
① 596 × 14 = 2384 / 596 / 8344
② 722 × 45 = 3610 / 2888 / 32490
③ 380 × 52 = 760 / 1900 / 19760
④ 217 × 60 = 13020
⑤ 425 × 28 = 3400 / 850 / 11900
⑥ 806 × 34 = 3224 / 2418 / 27404

15 かけ算のまとめ

80 ページ まとめのテスト①

1 ①7 ②2 ③9 ④0 ⑤50

2
① 12 × 3 = 36
② 32 × 3 = 96
③ 124 × 2 = 248
④ 610 × 9 = 5490
⑤ 19 × 3 = 57
⑥ 17 × 5 = 85
⑦ 428 × 5 = 2140
⑧ 316 × 6 = 1896

3
① 65 × 32 = 130 / 195 / 2080
② 98 × 40 = 3920
③ 178 × 52 = 356 / 890 / 9256
④ 249 × 67 = 1743 / 1494 / 16683
⑤ 718 × 29 = 6462 / 1436 / 20822
⑥ 543 × 70 = 38010
⑦ 425 × 60 = 25500
⑧ 307 × 40 = 12280

81 ページ まとめのテスト②

1 ①7 ②9 ③6 ④260 ⑤1200

2
① 11 × 5 = 55
② 39 × 2 = 78
③ 301 × 4 = 1204
④ 603 × 7 = 4221
⑤ 513 × 7 = 3591
⑥ 459 × 6 = 2754
⑦ 41 × 40 = 1640
⑧ 19 × 70 = 1330
⑨ 52 × 42 = 104 / 208 / 2184
⑩ 27 × 13 = 81 / 27 / 351
⑪ 421 × 41 = 421 / 1684 / 17261
⑫ 822 × 50 = 41100

3
① 2343 × 2 = 4686
② 1927 × 3 = 5781
③ 4037 × 6 = 24222
④ 9268 × 5 = 46340

16 重 さ

82 ページ きほんのワーク

☆ 20, 1000, 2000

答え 3300, 3, 300, 2500

1 ① 350 ② 1500, 1, 500 ③ 3800, 3, 800

2 ① 7 ② 4000 ③ 500 ④ 1, 900 ⑤ 7200 ⑥ 3600 ⑦ 3000 ⑧ 5

83 ページ きほんのワーク

☆ 1200, 1, 200, 1100, 2, 100

答え 1, 200, 2, 100

1 ① 3, 800 ② 1000, 2 ③ 1000, 1

2 ① 1, 400 ② 1, 600 ③ 3 ④ 2, 100 ⑤ 4, 600 ⑥ 8, 200 ⑦ 1 ⑧ 5

2
① 600g＋800g＝1400g
　　　　　　　＝1kg400g
② 400g＋1kg200g＝1kg600g
③ 2kg100g＋900g＝2kg1000g
　　　　　　　　＝3kg
④ 1kg300g＋800g＝1kg1100g
　　　　　　　　＝2kg100g
⑤ 1kg700g＋2kg900g＝3kg1600g
　　　　　　　　　　＝4kg600g
⑥ 3kg600g＋4kg600g＝7kg1200g
　　　　　　　　　　＝8kg200g
⑦ 400kg＋600kg＝1000kg＝1t
※すべてを「g」のたんいで表してから、計算することもできます。

84 ページ きほんのワーク

☆ 1400, 800, 1200, 1, 500

答え 800, 1, 500

1 ① 1000, 400 ② 1400, 600 ③ 1000, 100

② ❶ 600 ❷ 800
  ❸ 1, 600 ❹ 7, 400
  ❺ 1, 600 ❻ 470
  ❼ 800 ❽ 2

てびき
　② ❷ 1kg300g−500g
　＝1300g−500g＝800g
　❸ 2kg500g−900g＝1kg1500g−900g
　　　　　　　　　＝1kg600g
　❹ 10kg−2kg600g
　＝9kg1000g−2kg600g＝7kg400g
　❺ 3kg400g−1kg800g
　＝2kg1400g−1kg800g＝1kg600g
　❼ 1t−200kg＝1000kg−200kg
　　　　　　　　＝800kg

85ページ まとめのテスト

1 ❶ 550 ❷ 500
  ❸ 1, 700 ❹ 2, 500
2 ❶ 9 ❷ 3000
  ❸ 4, 800 ❹ 6500
  ❺ 1 ❻ 2000
3 ❶ 1, 500 ❷ 1
  ❸ 800 ❹ 600
  ❺ 2, 700 ❻ 8
  ❼ 7, 100 ❽ 300
  ❾ 4, 700 ❿ 1, 700

てびき
　3 ❶ 600g+900g＝1500g
　　　　　　　　　＝1kg500g
　❷ 200kg+800kg＝1000kg＝1t
　❹ 1t−400kg＝1000kg−400kg
　　　　　　　　＝600kg
　❻ 3kg200g+4kg800g＝7kg1000g
　　　　　　　　　　　＝8kg
　❼ 1kg200g+5kg900g＝6kg1100g
　　　　　　　　　　　＝7kg100g
　❾ 5kg500g−800g＝4kg1500g−800g
　　　　　　　　　＝4kg700g
　❿ 3kg600g−1kg900g
　＝2kg1600g−1kg900g＝1kg700g

---

17 小数と分数

86ページ きほんのワーク

☆ 3, 0.3, $\frac{3}{10}$　　　答え 0.3, $\frac{3}{10}$

---

❶ ❶ 0.9 L, $\frac{9}{10}$ L **❷** 0.6 L, $\frac{6}{10}$ L
❷ ㋐ $\frac{3}{10}$ ㋑ $\frac{9}{10}$ ㋒ 0.2 ㋓ 0.8
❸ ❶ ＞ ❷ ＜ ❸ ＜ ❹ ＝

てびき
　❸ 小数または分数にそろえてから、大きさをくらべます。
　❶ $\frac{5}{10}$＝0.5 だから、$\frac{5}{10}$＞0.3
　❷ $\frac{9}{10}$＝0.9 だから、0.2＜$\frac{9}{10}$
　❸ $\frac{4}{10}$＝0.4 だから、$\frac{4}{10}$＜1.4
　❹ $\frac{7}{10}$＝0.7 だから、0.7＝$\frac{7}{10}$

87ページ まとめのテスト

1 ❶ 0.4 L, $\frac{4}{10}$ L **❷** 0.8 L, $\frac{8}{10}$ L
2 ❶ 10, 0.1 **❷** 7, $\frac{7}{10}$
  ❸ 2, 2
3 ㋐ $\frac{1}{10}$ ㋑ $\frac{5}{10}$ ㋒ 0.7 ㋓ 0.9
4 ❶ ＝ ❷ ＜ ❸ ＞
5 ❶ $\frac{1}{10}$, $\frac{9}{10}$, 1.1 **❷** 0.3, $\frac{4}{10}$, $\frac{8}{10}$
  ❸ $\frac{1}{10}$, 0.5, 1

てびき
　4 ❸ $\frac{10}{10}$＝1 だから、1.2＞$\frac{10}{10}$
　5 ❶ $\frac{9}{10}$＝0.9, $\frac{1}{10}$＝0.1
　小さいじゅんにならべると、$\frac{1}{10}$, $\frac{9}{10}$, 1.1
　❷ $\frac{4}{10}$＝0.4, $\frac{8}{10}$＝0.8
　小さいじゅんにならべると、0.3, $\frac{4}{10}$, $\frac{8}{10}$
　❸ $\frac{1}{10}$＝0.1
　小さいじゅんにならべると、$\frac{1}{10}$, 0.5, 1

---

18 □を使った計算

88ページ きほんのワーク

☆ 12, 4, 7, 9　　　答え 4, 9
❶ ❶ 23, 12 **❷** 9, 11
❷ ❶ **❷**
  26　　　　　　　　　　　　25

❸ ❶ 65　　　　たしかめ □＋12 ➡ 65＋12＝77
　 ❷ 55　　　　たしかめ 34＋□ ➡ 34＋55＝89

てびき
　❷ ❶ □＝41－15　□＝26
　　❷ □＝52－27　□＝25
　❸ ❶ □＝77－12　□＝65
　　❷ □＝89－34　□＝55

89ページ　きほんのワーク

☆ 21, 34, 24, 9　　　　　　　　答え 34, 9
❶ ❶ 18, 42　　　　　❷ 59, 15
❷ ❶

❷

　　26　　　　　　　　　　5
❸ ❶ 22　　　　たしかめ □－12 ➡ 22－12＝10
　 ❷ 69　　　　たしかめ 147－□ ➡ 147－69＝78

てびき
　❷ ❶ □＝19＋7　□＝26
　　❷ □＝31－26　□＝5
　❸ ❶ □＝12＋10　□＝22
　　❷ □＝147－78　□＝69

90ページ　きほんのワーク

☆ 6, 36, 45, 54　　　　　　　　答え 6
❶ ❶ 8, 9　　　　　❷ 30, 6
❷ ❶ 7　　　　たしかめ 3×□ ➡ 3×7＝21
　 ❷ 8　　　　たしかめ □×4 ➡ 8×4＝32
　 ❸ 2　　　　たしかめ 7×□ ➡ 7×2＝14

てびき
　❷ ❶ □＝21÷3　□＝7
　　❷ □＝32÷4　□＝8
　　❸ □＝14÷7　□＝2

91ページ　きほんのワーク

☆ 7　　　　　　　　　　　　　答え 7
❶ ❶ 7, 8　　　　　❷ 36, 4
❷ ❶ 4　　　　たしかめ 24÷□ ➡ 24÷4＝6
　 ❷ 6　　　　たしかめ 42÷□ ➡ 42÷6＝7
　 ❸ 6　　　　たしかめ 18÷□ ➡ 18÷6＝3

てびき
　❷ ❶ □＝24÷6　□＝4
　　❷ □＝42÷7　□＝6
　　❸ □＝18÷3　□＝6

92ページ　きほんのワーク

☆ 28　　　　　　　　　　　　　答え 28
❶ ❶ 5, 40　　　　❷ 7, 49

❷ ❶ 20　　　　たしかめ □÷4 ➡ 20÷4＝5
　 ❷ 27　　　　たしかめ □÷3 ➡ 27÷3＝9
　 ❸ 72　　　　たしかめ □÷9 ➡ 72÷9＝8

てびき
　❷ ❶ □＝4×5　□＝20
　　❷ □＝3×9　□＝27
　　❸ □＝9×8　□＝72

93ページ　まとめのテスト

❶ ❶ 6　　　　たしかめ 19＋□ ➡ 19＋6＝25
　 ❷ 16　　　たしかめ □＋31 ➡ 16＋31＝47
　 ❸ 18　　　たしかめ 29－□ ➡ 29－18＝11
　 ❹ 88　　　たしかめ □－43 ➡ 88－43＝45
　 ❺ 8　　　　たしかめ 5×□ ➡ 5×8＝40
　 ❻ 8　　　　たしかめ □×9 ➡ 8×9＝72
　 ❼ 9　　　　たしかめ 81÷□ ➡ 81÷9＝9
　 ❽ 6　　　　たしかめ 48÷□ ➡ 48÷6＝8
　 ❾ 18　　　たしかめ □÷6 ➡ 18÷6＝3
　 ❿ 55　　　たしかめ □÷5 ➡ 55÷5＝11

てびき
　❶ ❶ □＝25－19　□＝6
　　❷ □＝47－31　□＝16
　　❸ □＝29－11　□＝18
　　❹ □＝43＋45　□＝88
　　❺ □＝40÷5　□＝8
　　❻ □＝72÷9　□＝8
　　❼ □＝81÷9　□＝9
　　❽ □＝48÷8　□＝6
　　❾ □＝6×3　□＝18
　　❿ □＝5×11　□＝55

3年のまとめ

94ページ　まとめのテスト❶

❶ ❶ ＞　　　　　❷ ＞
❷ ❶ 7　　　　　❷ 5　　　　　❸ 0
　 ❹ 9 あまり 2
❸ ❶
```
   402
 ＋386
   788
```
❷
```
   950
 ＋ 93
  1043
```
❸
```
   243
 －　44
   199
```
❹
```
  1056
 －　74
   982
```
❺
```
    37
  ×76
   222
  259
  2812
```
❻
```
   124
  × 31
   124
   372
  3844
```
❹ ❶ 4.5　　　　❷ 73　　　　　❸ 13.2
　 ❹ 9.3
❺ ❶ 2, 20　　　❷ 255　　　　❸ 3, 10
　 ❹ 2, 30

15

てびき

1 ❷ 301×100=30100,
31000÷100=310 だから,
301×100>31000÷100 です。

4 ❶ 45=40+5
0.1 を 40 こ集めた数は　　4
0.1 を　5 こ集めた数は　　0.5
　　　　　　あわせると　　4.5

❷ 7.3=7+0.3
　7 は 0.1 の 70 こ分
0.3 は 0.1 の　3 こ分
7.3 は 0.1 の 73 こ分

❸　　8
　＋5.2
　1 3.2

❹　1 0
　－　0.7
　　　9.3

5 ❶❷ 1 分=60 秒
❸ 2 時間 30 分+40 分=2 時間 70 分
　　　　　　　　　　　=3 時間 10 分
❹ 5 時間 20 分-2 時間 50 分
　=4 時間 80 分-2 時間 50 分
　=2 時間 30 分

---

95 ページ　まとめのテスト❷

1 ❶ 五十一万三千七百九十
❷ 40205308

2 ❶ $\frac{1}{7}$, $\frac{3}{7}$, 1　　❷ $\frac{1}{10}$, 0.5, $\frac{8}{10}$

3 ❶　 670
　＋535
　1205

❷　 489
　－158
　　331

❸　3826
　＋1275
　5101

❹　5894
　－1275
　4619

❺　 158
　×　3
　　474

❻　 139
　×　21
　　139
　278
　2919

4 ❶ 7　　❷ 8　　❸ 9
❹ 8, 2

5 ❶ 8.8　　❷ 6.3　　❸ 24
❹ 6.6

6 ❶ 11, 200　　❷ 1, 850

てびき

1 大きな数を漢字や数字で書くとき
は, 右から数を 4 つずつ区切ると考えやすく
なります。

2 ❶ 1=$\frac{7}{7}$ と考えて, 小さいじゅんにならべ

ると, $\frac{1}{7}$, $\frac{3}{7}$, 1 となります。

❷ 0.5=$\frac{5}{10}$ と考えて, 小さいじゅんになら

べると, $\frac{1}{10}$, 0.5, $\frac{8}{10}$ となります。

---

4 ❶ かけ算では,「かけられる数」と「かける数」
を入れかえても, 答えは同じになります。
●×■=■×●
❷ かけ算では, かける数が 1 ふえると, 答え
はかけられる数だけ大きくなります。

5 ❶　 6.1
　＋2.7
　8.8

❷　1 1.7
　－　5.4
　　6.3

❸　1 5.9
　＋　8.1
　2 4.0

❹　1 0.1
　－　3.5
　　6.6

6 ❶ 4 km 500 m+6 km 700 m
=10 km 1200 m
=11 km 200 m
❷ 2 km-150 m
=1 km 1000 m-150 m
=1 km 850 m

---

96 ページ　まとめのテスト❸

1 ❶　 32
　×　4
　128

❷　 327
　×　5
　1635

❸　 198
　×　7
　1386

❹　 629
　×　30
　18870

❺　 532
　×　61
　532
　3192
　32452

❻　 945
　×　49
　8505
　3780
　46305

2 ❶ $\frac{2}{3}$　　❷ 5　　❸ 9
❹ $\frac{7}{9}$　　❺ $\frac{1}{8}$

3 ❶ 6　　❷ 2, 300

4 ❶ 3 あまり 2　　たしかめ 6×3+2=20
❷ 7 あまり 3　　たしかめ 4×7+3=31

5 ❶ 35　　たしかめ □+25 ➡ 35+25=60
❷ 9　　たしかめ 7×□ ➡ 7×9=63

てびき

3 ❶ 1000 kg=1 t
❷ 550 g+1 kg 750 g
=1 kg 1300 g
=2 kg 300 g

5 ❶ □=60-25　□=35
❷ □=63÷7　　□=9